广东科学技术学术专著项目资金资助出版

南岭自然保护区天井山植被志

周 婷 主编

科学出版社

北 京

内 容 简 介

本书记录了天井山地区的陆生自然植被，主要包括暖性常绿针叶林、温性常绿针叶林、山地针阔混交林、典型常绿阔叶林、竹林、山顶常绿阔叶林矮曲林6种植被亚型，共17种群系，23种群丛，内含22个样方资料，每个样方均绘制了剖面图。此外，本书还给出了天井山植被的群系和群丛空间分布图，并进行数量分类与动态分析。本书创新性地用三维立体图示展示了地区植被的海拔特征，并给出了自然保护区在遭遇重大自然灾害后的恢复对策。

本书可供植被学、生态学、植物学等研究机构的科研人员、高等院校师生参考，也可为政府部门、自然保护管理部门的工作者提供参考。

图书在版编目 (CIP) 数据

南岭自然保护区天井山植被志/周婷主编. —北京：科学出版社，2020.6
ISBN 978-7-03-065217-1

Ⅰ. ①南… Ⅱ.①周… Ⅲ. ①自然保护区–植物志–广东
Ⅳ.①Q948.526.5

中国版本图书馆 CIP 数据核字(2020)第 088839 号

责任编辑：李 迪 / 责任校对：严 娜
责任印制：吴兆东 / 封面设计：刘新新

科 学 出 版 社 出版
北京东黄城根北街 16 号
邮政编码：100717
http://www.sciencep.com

北京虎彩文化传播有限公司 印刷
科学出版社发行 各地新华书店经销
*
2020 年 6 月第 一 版 开本：720×1000 1/16
2020 年 6 月第一次印刷 印张：10 1/4
字数：201 000
定价：149.00 元
（如有印装质量问题，我社负责调换）

《南岭自然保护区天井山植被志》编写委员会

主　　编：周　婷

编写人员：中山大学　康路遥　黄　蓓　黄仰婷　刘景昱　梁华铭

　　　　　　　　　　陈恩健　范明华　楚　薇　程霏竑　原亚茹

　　　　　　　　　　赵恒君　隋　媛　陈子豪

　　　　　　广东省天井山林场（广东天井山国家森林公园管理处）

　　　　　　彭华贵　周志平　孔祥楠　苏正荣　陈文龙　杨伟华

　　　　　　南岭国家级自然保护区管理局　刘宗君　谢　勇　刘志发

序

　　自然保护区最重要的基础数据之一就是植被志。与反映生物多样性的植物志不同，植被志体现了植物资源更加详细的信息，如植物物种所处的群落的结构组成、生物多样性和空间分布范围等，是生态系统保护管理的基础。目前各级自然保护区的植被志鲜见，大部分是以植物名录的形式记载，保护区的植被群落类型，大多分类不清晰，空间定位模糊，无法起到有效基础数据支撑作用，无法成为管理者合理保护、恢复与利用的决策依据。因此，编撰自然保护区的植被志具有极大的示范性和必要性。

　　广东天井山位于五岭之南，属南岭支脉。天井山植被生态系统作为南岭国家自然保护区的重要组成部分，素有"南岭天然博物馆"、"广东生态屋脊"和"华南夏宫"之美誉。编撰《南岭自然保护区天井山植被志》一书，能够服务于森林生物多样性保护、生态旅游和林业生产管理等自然及社会的需求，更好地促进天井山地区生态环境与经济的可持续发展，更好地建设粤港澳大湾区生态屏障。

　　《南岭自然保护区天井山植被志》在系统地论述了天井山植被类型与分布的基础上，着重于以下两方面的创新性内容。一方面，《南岭自然保护区天井山植被志》系统地描绘了天井山植被垂直分布的格局与特征。借助于天井山天然的地理位置优势，该书对山地垂直植被进行了详细调查，并根据结果制作了天井山植被垂直格局分布图，首次利用三维立体图示展示了地区植被的海拔特征，为自然保护区植被志的编著提供示范。另一方面，该书创新性地增加了植被恢复的理论与实践内容。天井山植被遭受了2008年南方雨雪冰冻灾害，该书详细介绍了几种快速恢复的方法及其取得的实践效果，并在此基础上结合恢复生态学中的主要指导原则，提出了一些遭遇冰冻灾害后受损植被群落的一般恢复对策，为自然植被生态恢复提供了示范。该书中的理论和实践研究，为中国保护区的植被保护、恢复与利用提供了一个优秀的案例。

　　植被学作为传统学科无疑是极为重要的，但由于种种原因学科人才断层明显，培养植被学的领军人才已成为紧迫的任务。由此，我非常高兴地看到《南岭自然保护区天井山植被志》一书是一位女青年学者作为主编。祝愿她与他们团队，克服植被研究艰苦野外工作的困难，勇于创新，为植被学学科发展不断做出新贡献。

2020 年 5 月 1 日

前　言

　　植被（vegetation）是指地球表面活的"植物覆盖"。植物在地面空间的分布不是杂乱无章，而是有规律地聚生成各种群落。一个地区的植被即是该地区所有植物群落的总和，是支配着物质和能量循环的实体。如果单从植物个体上认识植物是不够的，更重要的是要从植物群落的水平出发，来认识、利用和改造植被。自然植被作为一种资源，是人类生存环境的重要组成部分，是提示自然环境特征最重要的手段。植被能为人类提供第一性生产物质，如木材、粮食、蔬菜和果品、工业原料、药材等。同时，植被在与环境进行物种与能量的交流中，使自然环境中的气温、水分、氧气和二氧化碳含量保持相对的稳定，这种适宜的环境正是人类正常生活所需要的。随着对植被认识的不断加深，人们已经深刻意识到，正确认识植被的特点，是控制、利用、模拟、改造或创造植物群落，提高植物的生产力，从而使植被生态、人文等功能尽量最大化发挥的基础。掌握植被分类规律、合理利用它对于改造环境、防治生态退化、维护生态平衡、创造良好生态环境具有重要意义。而要认识、利用和改造植被就必须从植物群落的水平出发，单从植物个体上认识是不够的，因此，需要有对地区植被志进行记录和描述。一个地区的植被志依据一定的科学分类系统，描述该地区各个植物群丛的结构与分布（空间定位），并揭示其分布规律和发展动态。编撰植被志利于更加了解区域植被的组成结构及其分布状态，帮助人类合理利用、管理和保护植被。

　　目前国家级自然保护区的植被志鲜见，大部分是以植物名录的形式记载，而植被作为自然保护区的基础数据，体现了植物资源更加详细的信息，如植物物种所处的群丛的结构组成、生物多样性和分布范围等。因此，编撰一本自然保护区的植被志具有极大的示范性和必要性。一方面，对自然保护区植被资源进行系统调查而形成的植被志，可全面反映该保护区现有植被资源，是深入研究该保护区植被不可缺少的基础资料；另一方面，对于现有的植被的保护与管理而言，研究清楚保护区的植被组成与分布可以为管理者提供合理的决策依据，如可根据植被志所描述的现有植被资源状况，结合森林群落动态学及恢复生态学等理论对受到重大自然灾害的保护区植被进行改造与恢复，使保护区充分发挥其生态服务功能。《南岭自然保护区天井山植被志》一书可为自然保护区植被志的编纂提供示范。

　　本书是基于对广东天井山国家森林公园所有的植物群丛类型进行科学调查、定位和分类形成的专著。广东天井山国家森林公园位于五岭之南，属南岭支脉，而南岭山脉是我国南亚热带与中亚热带的天然分界线，是长江水系与珠江水系的主要分水岭，是我国生物多样性三大中心之一的华南地区的代表。南岭山脉作为天然的屏障，冬季可以阻挡北方干冷空气的南下，在夏季又接收着东南湿润季风的滋养，是典型的亚热带湿润季风气候，这种独特的气候水文特征使其保存着完整的山地森林生态系统。广东天井山国家森林公园作为南岭国家自然保护区的重要组成部分，素有"南岭天然博物馆"、"广东生态屋脊"和"华南夏宫"之美誉。较高的生物多样性使得天井山有着较高的生态服务功能，编撰《南岭自然保护区天井山植被志》一书，能够充分发挥广东天井山国家森林公园的生态服务功能，服务于森林生物多样性保护、公园旅游和林业生产等自然及社会的需求，从而促进天井山地区生态环境与经济的可持续发展，进而有助于粤港澳大湾区生态屏障的建设。

本书作为一本对广东天井山国家森林公园植被资源进行系统调查而形成的植被志，既保留了植被志一贯具有的翔实调查数据，在此基础上，又创新性地用三维立体图示展示了地区植被的海拔特征，以及自然保护区在遭遇重大自然灾害后的恢复对策。自然保护区作为保护自然环境的重要单元，除了保护区域内所有的自然环境外，还需要着重考虑在遭遇重大自然灾害时的快速恢复方法。2008年我国南方遭受了大范围的持续低温雨雪冰冻天气，作为重灾区之一的粤北森林，天井山国家森林公园遭到毁灭性破坏，受灾面积占总面积的88.4%。本书详细论述了几种快速恢复的方法及其取得的实践效果，并在此基础上结合恢复生态学中的主要指导原则，提出了一些遭遇冰冻灾害后受损植被群落的一般恢复对策。天井山近十年的植被恢复工作显著地改善了受灾的森林生态系统状况，在优越的水热条件下，大部分植被逐渐发展到相对稳定的阶段。

《南岭自然保护区天井山植被志》是深入研究天井山植被重要的基础资料，具有重要的科学价值。对现有的植被保护与管理而言，也可以为管理者提供合理的决策依据。本书作为一个以保护区为单元编撰的植被志，相信能够给中国其他自然保护区提供一个案例，更好地服务于中国自然保护区的管理与建设。

《南岭自然保护区天井山植被志》是基于对天井山森林公园所有的植物群丛类型进行科学调查、定位和分类形成的专著，获得了2016年林业发展及保护专项资金资助、2018～2019年度广东省科技基础条件建设领域科技学术专著经费资助，同时获得科技基础性工作专项《中国植被志》编研（2015FY210200-13）、广东省促进经济发展专项（海洋经济发展用途）（GDME-2018E002）的经费资助。在植被调查工作中，也得到了广东省天井山林场（广东天井山国家森林公园管理处）的大力支持，以及参加野外调查和资料整理的许多老师与同学的贡献，遗憾的是未能一一列举，在此谨向他们表示感谢！

最后，特别感谢彭少麟教授对本书的大力指导，从野外调查、书稿架构以及专著撰写，彭教授都倾注了大量的心血。对彭教授的贡献，表示由衷的感谢！

目　　录

第一章　天井山植被的生境特征及植被概况

第一节　植被的生境特征

一、地理位置

天井山国家森林公园位于广东省韶关市乳源瑶族自治县西北部，地处南岭支脉五岭的南麓，位于东经 112°30′~113°15′、北纬 24°32′~24°46′，距离乳源瑶族自治县县城 38km，距韶关市市区 73km。森林公园东与韶关市乳源瑶族自治县洛阳镇接壤，西与清远市阳山县秤架瑶族乡毗邻，北与南岭国家森林公园相接，南与乳源瑶族自治县古母水镇相望，属南岭山脉中段。森林公园内主要的景区有生态长廊景区、广东屋脊景区、古结洞田园农家乐景区和刚阳石探险景区，素有"南岭天然博物馆"、"广东生态屋脊"和"华南夏宫"之美誉，是广东省拥有最大原始森林面积的森林公园之一（图 1.1）。

图 1.1　天井山山顶一览

森林公园总面积 5564.10hm^2，山脉海拔在 1000～1700m，最高峰天井山海拔 1693m。其间海拔 1000m 以上的山峰达 57 座，宛然曲折，如一条巨龙连绵起伏，长达几十千米，是广东的绿色生态屏障。气候属亚热带季风气候，年平均气温约 17.1℃，1 月平均气温为 8℃，7 月平均气温为 22℃；绝对低温–8℃；年平均降水量为 2800mm。适宜的温度和丰沛的降水使天井山地区的植物几乎全年都在生长，森林覆盖率高达 96.7%，是一处以自然景观为主体，山、林和水条件突出的远郊山岳型森林公园。

二、地质构造

天井山位于五岭之南，属南岭支脉，南岭山地在大地构造上属于华南地台的华夏陆台和杨子陆台的一部分，其地质历史可以追溯到元古代的震旦纪甚至更早。在位于南岭山地西端边缘相当于"江南古陆"的南端，距今约 1 亿年的四堡运动，代表着天井山地区最早的一次地壳运动。四堡运动以后，南岭山地西端附近局部曾一度升起，一段时间后又再次沉降。震旦纪的雪峰运动代表着南岭地区的另一次地壳运动。雪峰运动以后，地壳相对上升。南岭山地西部附近地区成为陆地，气候转冷，出现了冰川或滨海冰水沉积。进入古生代以来，南岭地区经历了多次地壳运动和海侵。早古生代志留纪末的加里东运动，将南岭地槽褶皱回返。部分地区隆起成陆地。这一时期的地壳运动相当频繁。广西运动是早古生代地壳运动的最后一幕，花岗岩活动相当广泛强烈，影响遍及整个南岭地区。晚古生代三叠纪的地壳运动比早古生代更加频繁，海进海退反复交替发生。随着海西运动的进行，南岭山地在泥盆纪、石炭纪和二叠纪普遍发生海侵，天井山地区的石灰岩就是这一时期的海相沉积形成的。三叠纪末期的印支运动使地壳普遍抬升，海水退出，整个南岭地区上升成陆地。中晚中生代燕山运动，伴随着广泛强烈的花岗岩侵入，产生了一系列轴向为东北—西南的带状山脉，逐渐形成了南岭山地的基本轮廓，再经始于新生代第三纪中新世喜马拉雅运动进一步改造，才形成现代南岭山地的地形和地貌（陈涛和张宏达，1994）。

天井山的大地构造属华南台块的湘桂台凹，由于受古生代以来造山运动的影响，皱褶构造发育地层属泥盆纪砂岩和页岩，石炭纪及二叠纪的石灰岩、泥灰岩及白云岩。侏罗纪以后，由于强烈的造山运动而侵入大片花岗岩。在花岗岩体周围有变质岩、砂岩或石灰岩。其成土母岩大多属花岗岩、砂页岩，亦有少部分石灰岩（广东省科学家南岭森林生态考察团，1993）。

三、地形地貌

天井山地处南岭山脉骑田岭南麓，主要以山地丘陵地貌为主。山脉的走向由西北到东南，地势西高东低，一般海拔 800～1200m，最高海拔 1700m，最低海拔 200m，相对高度 300～800m。属山岳地形，中间及少数边缘出现局部丘陵地和小盆地等，山地坡度一般为 25°～35°，少数达 45°以上。主要成土母岩是花岗岩、变质岩和砂岩，其间夹有大小不等的低谷和盆地，普遍堆积了红色岩系和灰岩岩系，分别构成该地区各具特色的花岗岩地貌、红层地貌及石灰岩地貌。

四、气候

根据中国气候区的划分，天井山处在第Ⅴ气候带 A 气候大区 ⅤA2 气候区，即中亚热带湿润气候大区南岭气候区，为中山山地气候。南岭山地作为华南与华中、华东气候分野的天然界限，是北方寒潮入侵南域的天然屏障。冬季来自北方的寒冷气流在岭北受到阻滞，导致南岭山地南、北最冷月平均气温相差达 4～5℃。南岭北部冬季有降雪，而除了山顶有积雪外，中部和南部一般均无雪，形成具有明显过渡性质的南岭山地气候。来自南方的海洋性暖湿气团，由于受到南岭山地南坡的阻挡和抬升作用而成云致雨，形成春夏多雨而温暖湿润的气候，主要表现为冬暖夏凉、雨量充沛、干湿季分明等特点（表 1.1），该地区年平均气温 20.0℃，月平均最高温度出现在 7 月份，为 28.6℃，月平均最低温度出现在 1 月份，为 9.9℃，单日最高温度 34℃，单日最低温度-8℃；冬季有短期霜冻和冰冻。一般年均降雨量为 1783.8mm，雨量 70%集中在每年的 4～6 月。春夏湿度较大，平均有雾日 70 天，年平均相对湿度 78.3%；秋冬季较干旱，植物生长季节达 10 个月以上。常年有风。夏秋季多为西南风，冬季为北风或西北风，平均风速 0.87m/s。这里山地起伏，山岭走向多变，地形复杂，形成丰富的局部地形小气候；同时，因海拔不高，山体破碎，隘口众多，成为南北气流北上和南下的通道，使得生态环境极其复杂多样（陈岭伟和周润巧，2000；广东省科学家南岭森林生态考察团，1993）。

表 1.1　天井山 30 年气象资料统计表（1981～2010 年）

全月	气温/℃			平均相对湿度/%	平均降水/mm	平均风速/(m/s)
	平均最高	平均	平均最低			
1 月	14.6	9.9	6.8	77	77.5	0.8
2 月	15.8	11.7	9	80	122.5	0.8
3 月	18.5	14.7	12.1	83	185.5	0.8
4 月	24.2	20.1	17.2	82	226.9	0.8
5 月	28.5	24.1	21	81	266.2	0.8

续表

全月	气温/℃			平均相对湿度/%	平均降水/mm	平均风速/(m/s)
	平均最高	平均	平均最低			
6 月	31.4	26.8	23.8	82	269.1	0.8
7 月	33.9	28.6	24.9	78	201.1	0.9
8 月	33.7	28.3	24.7	78	169	1
9 月	31.2	26	22.4	77	115.4	1
10 月	27.6	22	18	74	57.6	0.9
11 月	22.5	16.6	12.5	74	52.7	0.9
12 月	17.6	11.5	7.5	74	40.3	0.9

数据来自国家气象信息中心

五、土壤

天井山地区土壤以山地红壤和山地黄壤为主，也有部分山地草甸土和少量黑色石灰土。红壤是中亚热带的水平地带性土壤，也是天井山地区分布面积较广的土壤类型，主要分布于海拔 800m 以下的大坪、天三等工区和古结洞村一带，土壤深度一般在 80～100cm，腐殖质多在 8～20cm，表层有机质含量为 3.5%～6.2%，在中亚热带山地温暖多雨的季风气候和生物因子的作用下，形成的土壤普遍呈酸性，pH 在 3.2～6.5；山地黄壤主要分布在海拔 700m 以上的林场场部、板蓬、天群、黄洞、蕉洞等工区，特点是海拔高、云雾多、湿度大、日照少、地势陡峭，少冲刷崩塌，土壤深度一般在 40～100cm，腐殖质 10～30cm，有机质含量 1.7%～3.4%，呈酸性反应，土壤湿润肥沃，天然植被保存较好；山地草甸土主要分布在海拔 1300m 以上的山地顶部，多为薄层，土壤深度一般在 10～20cm，腐殖质 5～10cm，植被多为矮林草甸；黑色石灰土则主要零散分布在大坪工区，植被多为藤、灌丛群落（陈岭伟和周润巧，2000；陈涛和张宏达，1994）。

六、人口与环境

广东省天井山国家森林公园主要由天井山林场管辖，该林场是广东省林业厅直属的生态型自收自支事业单位，成立于 1958 年。辖区位于乳源瑶族自治县境内，截至 2019 年年底，林场总人口 1547 人，其中农村人口 461 人，城镇人口 1086 人。职工总人数 788 人，其中事业单位编制 205 人、长期聘用 237 人，离退休人员 346 人。

林场总面积 379 888.65 亩[①]（不含连加山 40 479 亩），现经营林业用地面积

---

① 1 亩≈666.7m²

375 449.7 亩（不含连加山 40 479 亩），其中生态公益林面积 333 799.5 亩（不含连加山 40 479 亩），占林业用地面积的 88.9%；商品林面积 41 650.2 亩，占林业用地面积的 11.1%，森林蓄积量 243.47 万 m^3，森林覆盖率 97.61%。据测算，辖区森林植被涵养水源年提供水量为 5000 万 m^3，年吸收二氧化碳和释放氧气分别为 270 万 t 和 180 万 t，生态效益显著。

2019 年，林场实现总收入 4682 万元，上缴税费 425 万元，年末国有资产总值 2.62 亿元，职工人均年收入 7.2 万元。天井山地区成功闯出一条"以林蓄水，以水发电，以电养林，林电并举"的良性循环发展道路。

七、人为干扰与冰雪灾害

天井山地区受到人为活动干扰较小，其植被主要是受到一些自然灾害的显著影响，其中以冰雪灾害为主。2008 年 1 月中旬至 2 月中旬，我国南方遭受了大范围的持续低温雨雪冰冻天气，这场极为罕见的极端天气为 50 年一遇，个别地区甚至为百年一遇。作为重灾区之一的粤北森林，天井山国家森林公园遭到毁灭性破坏，受灾面积约 22 466.7 hm^2，占经营总面积的 88.4%。其中，杉木林受灾面积达 5850.2 hm^2。何茜等（2010）采用典型取样法，设置了 13 个 20m×30m（或 15m×30m）的方形样地，对广东省天井山林场杉木（*Cunninghamia lanceolata*）人工林冰雪灾害进行调查。结果表明：①粤北地区杉木人工林受损严重，样地内受害杉木比例高于 80%，主要集中在海拔 500～900m 的地区；②杉木人工林受损类型主要划分为 3 种，以折断类型为主（65.09%），其次为倒伏（或翻蔸，18.37%）和弯曲（3.20%）。其中，根据不同程度将折断划分为 5 个级别：轻微受损，即断梢（占折断总数的 12.28%）；轻度受损，即树冠顶端至中部断裂（38.49%）；中度受损，即树冠中部至下部断裂，受到较严重损伤（31.15%）；严重受损，即树冠全部受损（15.97%）；极严重受损，即树冠近根部断裂或折断后枯死（2.11%），树冠受损为杉木受灾的主要特征。朱丽蓉等（2014）对天井山森林公园受到冰雪灾害后的植被进行调查发现：植被受灾损害具有不同程度的树龄依赖性。植被受损的比例随着树龄的增大而增加，在达到一定径级后趋于平稳，这种规律在不同林型中表现出差异性，针叶林的小树相比阔叶林更易受损，从受损方式上也反映出不同林型的树龄依赖性。就受损最为严重的方式"掘根"来说，针叶林幼苗的掘根的比例较大，混交林小树受损显著严重于幼苗和大树。不同林型受灾损害的恢复响应存在树龄依赖性的差异。雨雪冰冻灾害发生后土壤 pH 与凋落物之间存在关联性。灾害发生后大量异常凋落物分解导致土壤 pH 急剧下降至 3.2 左右，之后逐年缓慢恢复。雨雪冰冻灾害发生 3 年后恢复到 pH 4.5～4.7，基本恢复到受灾前水平。除了冰雪灾害，对天井山植被有可能造成危害的自然灾害还包括暴雨引发山洪、泥石流、山体塌方或滑坡、雷击、冰雹等（图 1.2）。

图 1.2　天井山低温雨雪冰冻造成的灾害

第二节　植被组成结构及其区系特征

一、植被结构组成

天井山山地常绿阔叶林的种类成分简单，优势现象明显，组成的科属主要为亚热带成分，其中壳斗科、八角科、山茶科、樟科、冬青科、安息香科、杜英科、木兰科等的重要值之和为 246.948，占 82.3%，可见这些科为所调查山地常绿阔叶林的优势科。上述科属中，壳斗科、山茶科、樟科、冬青科、安息香科、杜英科、木兰科是亚热带植被的代表科。调查显示，常见乔木树种的主要树种有假地枫皮（*Illicium jiadifengpi*）、多穗柯（*Lithocarpus polystachyus*）、罗浮锥（*Castanopsis faberi*）、木犀榄（*Olea europaea*）、银钟花（*Halesia macgregorii*）、栲（*Castanopsis fargesii*）、小叶青冈（*Cyclobalanopsis myrsinaefolia*）、广东木莲（*Maglietia kwangtungensis*）、越南山龙眼（*Helicia cochinchinensis*）、日本杜英（*Elaeocarpus japonicus*）、莽山茶（*Camellia mangshanensts*）等。第Ⅱ林层高 4～7 m，有齿叶冬青（*Ilex crenata*）、红楠（*Machilus thunbergii*）、南油茶（*Camellia semiserrata*）、黑柃（*Eurya macartneyi*）、微凹冬青（*Ilex retusifolia*）、香港四照花

（*Dendrobenthamia hongkongensis*）、细齿叶柃（*Eurya nitida*）、杨桐（*Adinandra millettii*）等为主（陈北光和苏志尧，1997）。据统计，天井山生长着 43 种珍稀濒危植物，其中国家 I 级重点保护植物有 2 种，为伯乐树和南方红豆杉；国家 II 级重点保护植物有 10 种，为刺桫椤、粗齿桫椤、金毛狗、福建柏、广东松、三尖杉、白豆杉、华南椎、长柄双花木、半枫荷等。被物种红色名录所收录的植物有 27 种，其中，有 10 种植物为近危，14 种属于易危，3 种为濒危（高华业等，2012）。

二、植物区系组成

天井山林区隶属南岭的一部分，植物资源十分丰富（李远学等，2012）。依照《中国植被》（吴征镒，1980）对我国森林植被的划分，南岭位于第四植被区，即亚热带常绿阔叶林区域。南岭在地史时期是古热带植物区系避难所，又是近代东亚温带、亚热带植物的发源地。其区系成分复杂，孕育着丰富的生物资源，其植物物种数约占广东省植物物种总数的 2/3（王发国和董安强，2013），与相邻地区植物区系具有明显的过渡或替代关系（陈涛和张宏达，1994）。南岭区系同时保存了许多古老类群，例如，裸子植物的铁杉属、槠属、红豆杉属、福建柏等，被子植物的木兰科、山茶科、金缕梅科、松科等（庞雄飞，1993）；也有许多较进化的类群，例如，兰科植物约 40 属 100 余种等。这充分说明了南岭植物区系发育发展的历史比较连续，没有受到第四纪冰川较大侵袭影响（刘小明等，2010）。南岭计有蕨类植物 46 科 107 属 317 种，裸子植物 7 科 12 属 18 种，被子植物 174 科 933 属 2738 种（王发国和董安强，2013）。以世界种子植物科的分布区类型系统（吴征镒等，2003）及中国种子植物属的分布区类型（吴征镒，1991）为划分区系成分的标准，可以对南岭有记录且分类区可寻的 176 科 985 属种子植物，进行分布区类型的统计（邢福武等，2012；张金泉，1993；《广东南岭国家级自然保护区生物多样性研究》编辑委员会等，2003；费乐思等，2007；华南植物研究所，2009；郎楷永等，2002；黎昌汉等，2005；田怀珍，2008；马晓燕等，2009；Zhou and Xing，2007；Jin et al.，2015），所有分布变型均附属于其相关分布原型（表 1.2），一般科属占比不考虑世界分布。

表 1.2　南岭 176 科 985 属种子植物的区系成分（数据来源自南岭保护区）

编号	分布区类型	科数目	科数目占比/%	属数目	属数目占比/%
T1.	世界广布	48	（扣除）	63	（扣除）
T2.	泛热带	68	53.13	199	21.58
	T2-1. 热带亚洲、大洋洲和南美洲（墨西哥）间断	2	1.56	10	1.08
	T2-2. 热带亚洲、非洲和南美洲间断	5	3.91	10	1.08
	T2S. 以南半球为主的泛热带	7	5.47	/	/
T3.	东亚（热带、亚热带）及热带美洲间断	11	8.59	22	2.39

续表

编号	分布区类型	科数目	科数目占比/%	属数目	属数目占比/%
T4.	旧世界热带	4	3.13	82	8.89
	T4-1. 热带亚洲、非洲和大洋洲间断	/	/	12	1.30
T5.	热带亚洲至热带大洋洲	2	1.56	53	5.75
T6.	热带亚洲至热带非洲	1	0.78	48	5.21
	T6-1. 华南、西南至印度和热带非洲间断	/	/	1	0.11
	T6-2. 热带亚洲和东非或马达加斯加间断	/	/	3	0.33
	T6d. 南非（主要是好望角）	1	0.78	/	/
T7.	热带亚洲	3	2.34	153	16.59
	T7-1. 爪哇、喜马拉雅和华南、西南星散	/	/	15	1.63
	T7-2. 热带印度至华南（尤其云南南部）	/	/	6	0.65
	T7-3. 缅甸、泰国至华西南	1	0.78	2	0.22
	T7-4. 越南（或中南半岛）至华南或西南	/	/	18	1.95
	T7a. 西马来，基本上在新华莱斯线以西	1	0.78	/	/
	T7d. 全分布区东达新几内亚	1	0.78	/	/
T8.	北温带	29	22.66	117	12.69
	T8-4. 北温带和南温带间断	18	14.06	22	2.39
	T8-5. 欧亚和南美温带间断	2	1.56	1	0.11
T9.	东亚及北美间断	4	3.13	55	5.97
	T9-1. 东亚和墨西哥间断	/	/	1	0.11
T10.	旧世界温带	1	0.78	34	3.69
	T10-1. 地中海区、西亚和东亚间断	/	/	6	0.65
	T10-3. 欧亚和南非（有时也在澳大利亚）	1	0.78	2	0.22
T11.	温带亚洲	/	/	7	0.76
T12.	地中海区、西亚至中亚	/	/	2	0.22
	T12-3. 地中海区至温带、热带亚洲、大洋洲和南美洲间断	/	/	2	0.22
T13.	中亚	/	/	1	0.11
T14.	东亚	4	3.13	111	12.04
	T14(SH). 中国-喜马拉雅	/	/	16	1.74
	T14(SJ). 中国-日本	/	/	40	4.34
T15.	中国特有	1	0.78	38	4.12
合计		176	100	985	100

　　根据吴征镒等（2003）对世界种子植物科的分布区类型的划分，南岭176科种子植物可以划分为12个分布区类型（表1.2），各类型的基本特征简述如下。

　　T1. 世界广布科：共48科，包括菊科（Compositae）、禾本科（Gramineae）、蔷薇科（Rosaceae）、蝶形花科（Papilionaceae）、兰科（Orchidaceae）、莎草科（Cyperaceae）、茜草科（Rubiaceae）、唇形科、桑科（Moraceae）、毛茛科

（Ranunculaceae）、玄参科（Scrophulariaceae）、鼠李科（Rhamnaceae）、蓼科（Polygonaceae）、伞形科（Umbelliferae）等。因其分布范围广泛，区系统计时常被忽略。

T2. 泛热带科：共 68 科，占非世界广布科的 53.13%，包括樟科（Lauraceae）、山茶科（Theaceae）、大戟科（Euphorbiaceae）、葡萄科（Vitaceae）、卫矛科（Celastraceae）、野牡丹科（Melastomataceae）、荨麻科（Urticaceae）、紫金牛科（Myrsinaceae）、芸香科（Rutaceae）、菝葜科（Smilacaceae）、葫芦科（Cucurbitaceae）等。

包括其分布变型 T2-1. 热带亚洲、大洋洲和南美洲（墨西哥）间断科：仅 2 科，为山矾科（Symplocaceae）和刺鳞草科（Centrolepidaceae）。

分布变型 T2-2. 热带亚洲、非洲和南美洲间断科：仅 5 科，为苏木科（Caesalpiniaceae）、椴树科（Tiliaceae）、鸢尾科（Iridaceae）、买麻藤科（Gnetaceae）和粘木科（Ixonanthaceae）。

分布变型 T2S. 以南半球为主的泛热带科：共 7 科，包括桑寄生科（Loranthaceae）、桃金娘科（Myrtaceae）、石蒜科（Amaryllidaceae）、山龙眼科（Proteaceae）等。

T3. 东亚（热带、亚热带）及热带美洲间断科：共 11 科，占非世界广布科的 8.59%，包括冬青科（Aquifoliaceae）、马鞭草科（Verbenaceae）、五加科（Araliaceae）、苦苣苔科（Gesneriaceae）、安息香科（Styracaceae）、木通科（Lardizabalaceae）等。

T4. 旧世界热带科：共 4 科，占非世界广布科的 3.13%，为姜科（Zingiberaceae）、海桐科（Pittosporaceae）、八角枫科（Alangiaceae）、芭蕉科（Musaceae）。

T5. 热带亚洲至热带大洋洲科：仅 2 科，占非世界广布科的 1.56%，为虎皮楠科（Daphniphyllaceae）和马钱科（Loganiaceae）。

T6. 热带亚洲至热带非洲科：仅 1 科，占非世界广布科的 0.78%，是其分布变型 T6d. 南非（主要是好望角）科，为杜鹃花科（Ericaceae）。

T7. 热带亚洲科：共 3 科，其中 3 个变型各有 1 科，共占非世界广布科的 2.34%。

包括其分布变型 T7-3. 缅甸、泰国至华西南科：有 1 科为伯乐树科（Bretschneidera）。

分布变型 T7a. 西马来，基本上在新华莱斯线以西科：有 1 科为五列木科（Pentaphylacaceae）。

分布变型 T7d. 全分布区东达新几内亚科：有 1 科为清风藤科（Sabiaceae）。

T8. 北温带科：共 29 科，占非世界广布科的 22.66%，包括百合科（Liliaceae）、忍冬科（Caprifoliaceae）、越桔科（Vacciniaceae）、金丝桃科（Hypericaceae）、松科（Pinaceae）等。

包括其分布变型 T8-4. 北温带和南温带间断科：共 18 科，包括壳斗科（Fagaceae）、金缕梅科（Hamamelidaceae）、槭树科（Aceraceae）、绣球花科

（Hydrangeaceae）、黄杨科（Buxaceae）等。

分布变型 T8-5. 欧亚和南美温带间断科：共 2 科，为小檗科（Berberidaceae）和樱井草科（Petrosaviaceae）。

T9. 东亚及北美间断科：共 4 科，占非世界广布科的 3.13%，包括五味子科（Schisandraceae）、木兰科（Magnoliaceae）、鼠刺科（Iteaceae）和杉科（Taxodiaceae）。

T10. 旧世界温带科：仅 1 科，占非世界广布科的 0.78%，是其分布变型 T10-3. 欧亚和南非（有时也在澳大利亚）科，为川续断科（Dipsacaceae）。

T14. 东亚科：共 4 科，占非世界广布科的 3.13%，包括猕猴桃科（Actinidiaceae）、三尖杉科（Cephalotaxaceae）、旌节花科（Stachyuraceae）和三白草科（Saururacerae）。

T15. 中国特有科：仅 1 科，占非世界广布科的 0.78%，为珙桐科（Davidiaceae）。

根据吴征镒（1991）对中国种子植物属的分布区类型的划分，南岭 985 属 3163 种种子植物可以划分为 15 个分布区类型（表 1.2），各类型的基本特征简述如下。

T1. 世界广布属：共 63 属 395 种，较丰富的属有苔草属（*Carex*）49 种、悬钩子属（*Rubus*）48 种、堇菜属（*Viola*）26 种、蓼属（*Polygonum*）24 种、铁线莲属（*Clematis*）20 种、珍珠菜属（*Lysimachia*）15 种、远志属（*Polygala*）14 种等。

T2. 泛热带属：共 199 属 807 种，占非世界广布属的 21.58%，较丰富的属有冬青属（*Ilex*）51 种、山矾属（*Symplocos*）34 种、榕属（*Ficus*）29 种、紫珠属（*Callicarpa*）26 种、菝葜属（*Smilax*）24 种、卫矛属（*Euonymus*）22 种、紫金牛属（*Ardisia*）21 种等。

包括其分布变型 T2-1. 热带亚洲、大洋洲和南美洲（墨西哥）间断属：共 10 属 94 种，有黑莎草属（*Gahnia*）3 种、罗汉松属（*Podocarpus*）1 种、西番莲属（*Passiflora*）1 种、糙叶树属（*Aphananthe*）1 种等。

分布变型 T2-2. 热带亚洲、非洲和南美洲间断属：共 10 属 24 种，有粗叶木属（*Lasianthus*）9 种、桂樱属（*Laurocerasus*）7 种等。

T3. 东亚（热带、亚热带）及热带美洲间断属：共 22 属 94 种，占非世界广布属的 2.39%，较丰富的有柃属（*Eurya*）27 种、木姜子属（*Litsea*）15 种、泡花树属（*Meliosma*）12 种等。

T4. 旧世界热带属：共 82 属 221 种，占非世界广布属的 8.89%，有野桐属（*Mallotus*）19 种、海桐花属（*Pittosporum*）10 种、山姜属（*Alpinia*）10 种等。

包括其变型 T4-1. 热带亚洲、非洲和大洋洲间断属：共 12 属 23 种，有瓜馥木属（*Fissistigma*）4 种、茜木属（*Aidia*）3 种、乌口树属（*Tarenna*）3 种等。

T5. 热带亚洲至热带大洋洲属：共 53 属 132 种，占非世界广布属的 5.75%，有樟属（*Cinnamomum*）16 种、栝楼属（*Trichosanthes*）8 种、野牡丹属（*Melastoma*）7 种等。

T6. 热带亚洲至热带非洲属：共 48 属 92 种，占非世界广布属的 5.21%，有钝果寄生属（*Taxillus*）6种、赤爬属（*Thladiantha*）4种、山黑豆属（*Dumasia*）3种等。

包括其分布变型 T6-1. 华南、西南至印度和热带非洲间断属：山黄菊属（*Anisopappus*）1种。

分布变型 T6-2. 热带亚洲和东非或马达加斯加间断属：3属17种，较丰富的为马蓝属（*Strobilanthes*）11种。

T7. 热带亚洲属：共153属392种，占非世界广布属的16.59%，较丰富的有山茶属（*Camellia*）23种、润楠属（*Machilus*）18种、青冈属（*Cyclobalanopsis*）18种、新木姜属（*Neolitsea*）16种、山胡椒属（*Lindera*）14种等。

包括其分布变型 T7-1. 爪哇、喜马拉雅和华南、西南星散属：共15属33种，有假糙苏属（*Paraphlomis*）8种、木荷属（*Schima*）5种、锦香草属（*Phyllagathis*）4种、金钱豹属（*Campanumoea*）3种等。

分布变型 T7-2. 热带印度至华南（尤其云南南部）属：共6属9种，有肉穗草属（*Sarcopyramis*）2种、幌伞枫属（*Heteropanax*）2种、帘子藤属（*Pottsia*）2种等。

分布变型 T7-3. 缅甸、泰国至华西南属：共2属2种，为穗花杉属（*Amentotaxus*）和来江藤属（*Brandisia*）。

分布变型 T7-4. 越南（或中南半岛）至华南或西南属：共18属30种，有肥肉草属（*Fordiophyton*）5种、杜仲藤属（*Parabarium*）3种、半蒴苣苔属（*Hemiboea*）3种等。

T8. 北温带属：共117属426种，占非世界广布属的12.69%，有杜鹃属（*Rhododendron*）28种、荚蒾属（*Viburnum*）21种、葡萄属（*Vitis*）18种、槭属（*Acer*）17种等。

包括其分布变型 T8-4. 北温带和南温带间断属：共22属62种，有乌饭树属（*Vaccinium*）13种、景天属（*Sedum*）8种、唐松草属（*Thalictrum*）7种、茜草属（*Rubia*）7种等。

分布变型 T8-5. 欧亚和南美温带间断属：1属1种，为看麦娘属（*Alopecurus*）。

T9. 东亚及北美间断属：共55属230种，占非世界广布属的5.97%，有柯属（*Lithocarpus*）25种、栲属（*Castanopsis*）20种、石楠属（*Photinia*）13种、蛇葡萄属（*Ampelopsis*）13种等。

包括其变型 T9-1. 东亚和墨西哥间断属：有六道木属（*Abelia*）2种。

T10. 旧世界温带属：共34属71种，占非世界广布属的3.69%，有瑞香属（*Daphne*）4种、水芹属（*Oenanthe*）4种、沙参属（*Adenophora*）4种等。

包括其分布变型 T10-1. 地中海、西亚和东亚间断属：6属16种，有女贞属（*Ligustrum*）6种、火棘属（*Pyracantha*）3种，榉属（*Zelkova*）2种等。

分布变型 T10-3. 欧亚和南非（有时也在澳大利亚）属：共2属3种，为前胡属（*Peucedanum*）2种和绵枣儿属（*Scilla*）1种。

T11. 温带亚洲属：共 7 属 11 种，占非世界广布属的 0.76%，有马兰属（*Kalimeris*）3 种、附地菜属（*Trigonotis*）2 种、大油芒属（*Spodiopogon*）2 种等。

T12. 地中海区、西亚至中亚属：共 2 属 4 种，均为其分布变型 T12-3. 地中海区至温带、热带亚洲、大洋洲和南美洲间断属，占非世界广布属的 0.22%，为木犀榄属（*Olea*）3 种和黄连木属（*Pistacia*）1 种。

T13. 中亚属：共 1 属 2 种，占非世界广布属的 0.11%，为獐牙菜属（*Swertia*）2 种。

T14. 东亚属：共 111 属 237 种，占非世界广布属的 12.04%，有猕猴桃属（*Actinidia*）18 种、野木瓜属（*Stauntonia*）12 种、兔儿风属（*Ainsliaea*）6 种等。

包括其分布变型 T14（SH）. 中国-喜马拉雅属：共 16 属 31 种，有马铃苣苔属（*Oreocharis*）7 种、八角莲属（*Dysosma*）3 种、雪胆属（*Hemsleya*）2 种等。

分布变型 T14（SJ）. 中国-日本属：共 40 属 64 种，有槐属（*Styphnolobium*）5 种、泡桐属（*Paulownia*）5 种、枳椇属（*Hovenia*）4 种、茶秆竹属（*Pseudosasa*）4 种等。

T15. 中国特有属：共 38 属 49 种，占非世界广布属的 4.12%，有石笔木属（*Tutcheria*）5 种、五加属（*Eleutherococcus*）4 种、椴树属（*Tilia*）2 种、紫菊属（*Notoseris*）2 种等。

三、影响植被结构组成的因素

1. 影响植被结构组成的历史原因

区系的种类组成特点主要与该地区的长期地质历史发展相关（广东省植物研究所，1976）。天井山的植物演化历史与南岭地区植物演化历史基本相同。南岭山地受印支运动作用成为陆地，经历了漫长的植物区系演化历史。在泥盆纪地层出现古蕨化石，石炭纪地层出现种子蕨化石，二叠纪地层发现的大羽羊齿化石是"华夏植物群"的代表，三叠纪地层发现的苏铁类森林化石反映了该时期前被子植物与裸子植物平行发展与演化（刘小明等，2010）。到了侏罗纪时期被子植物获得较快发展，南岭山地的胞粉化石证实了水青树和木兰科、樟科等较原始被子植物类群的出现（张宏达，1980）。随后被子植物在白垩纪获得全面发展，现代科属基本形成（刘小明等，2010）。第三纪古新世的地层又发现了与现代裸子植物接近的类群及现代被子植物花粉（孙湘君和何月明，1980）。

2. 影响植被结构组成的近期干扰

20 世纪 50 年代末期至 60 年代中期天井山地区的大部分原始森林被人为砍伐，使得天井山原生植物区系的组成上相对其他临近的南岭地区显得更为简单一些。这是天井山森林退化的主要原因，其退化程度和恢复速度与人为破坏的强度和演替时间有关。次生残林退化程度较轻，植物种群恢复较快，树木区系多样性较高，择伐林次之，皆伐迹地次生林退化较严重，植物种类组成和结构比较单一，多样性较低。在天井山早期次生林和皆伐迹地，可以看到较多阔叶林树种的幼树和幼苗，天井山仍保留着一定面积的原生林和原生性次生林，为该地区退化森林的自然演替和恢复提供了重要的植物种源。此外，天井山地区次生残林的退化程度尚轻，气候条件优越。因此，有效控制人为干扰，天井山地区次生林和采伐迹地的植被可以很快地恢复起来。人为破坏较轻的次生残林的树种多样性指数与原生林相近或甚至高于原生林，但它们在质量上和稳定性方面与原生林都有较大的差异。原生林群落比较均匀，建群种都是经过长期演替过程保留下来，群落组成比较稳定；而次生残林和择伐林物种多样性的增加是由于林下光照条件的改变使大量的阳生树种侵入，随着群落的发展，生长快、寿命短的阳性树很快被其他耐阴性树种取代，因此，次生林多样性的增加是不稳定的。

第三节　天井山植被研究的背景

天井山地区大部分原始森林都在 20 世纪 50 年代末期至 60 年代中期被砍伐，而现存的原始森林则作为天井山森林公园的核心部分被加以保护。人为干扰导致天井山森林发生了退化，退化严重地区植物种类组成和结构比较单一，多样性较低。此外，天井山植被由于受到冰雪灾害的影响，原有的植被情况发生了一定程度的改变。灾害天气是森林经营与管理的重要非生物干扰因子，对林业的正常生产和可持续发展具有重大影响（Nykänen et al., 1997）。2008 年年初，我国南方地区遭受了大范围的持续低温雨雪冰冻灾害袭击。作为重灾区之一的粤北森林，天井山国家森林公园遭到严重破坏。尤其是杉木，作为粤北地区的重要造林和用材树种，成为此次灾害中受灾最严重的树种之一。

天井山植被在受到人为干扰和低温雨雪冰冻灾害袭击之后未被详细调查研究过，难以找到关于天井山植被在受到人为干扰和低温雨雪冰冻灾害袭击之后的植被目前恢复状况的详细描述。天井山植被作为一项基础性的自然科学研究，有必要深入开展。通过对天井山植被的调查，以及冰冻灾后的恢复情况的研究，能够更好地服务于天井山的动植物保育、生物多样性保护、环境保护、自然科普教育等工作。编写《南岭自然保护区天井山植被志》一书还可以作为国内自然保护区的范例，为其他自然保护区提供参考依据，以及为保护区遭遇重大自然灾害后的恢复工作提供理论支持与技术指导。

第二章 天井山植被分类的理论依据与分类体系

植被分类，被视为植被研究最复杂的问题之一。随着研究的不断深入，其概念、方法、成果及应用也在不断更新。要正确认识植被，必须要从研究植被的各种类型开始，并对植被型加以划分和归类，根据不同植物群落的固有自然特征将其分别纳入一定的等级系统中，从而实现同组群落属性尽量相似、不同组的群落尽量相异的目的。通过植被分类，我们不仅能更加方便地对比各个植被类型之间的相似性和差异性，还能更好地深入认识特定地区的植被特点及其与其他地区植被的联系。由于地域差异及学术思想等因素，不同国家或地区逐渐发展出不同的植被分类理论，也由此衍生出各式各样的植被分类系统。随着植被研究的深入，全球及地区的植被分类研究仍然是植被生态学领域中的一项重要任务（van der Maarel，2017）。

第一节 植被分类依据

通过植被分类，最终达到能够识别、描述常重复出现且相对离散而均一的植物聚集体的效果，并建立起它们之间的联系。植被往往随环境的变化而变化，但这些变化又会在不同程度上受到人类发展史上必然及偶然事件的影响。因此，依据哪种理论进行植被分类，都需要结合当地的具体实际情况进行综合的考量。

虽然各种植被分类依据不尽相同，但它们都有一些共同的观点。Ellenberg（1967）将各种分类依据总结为植被本身的特点、植被以外的特点及植被与环境结合的特点。

植被本身的特点包括：外貌和结构的标准、植物种类的标准、数量关系的标准（群落系数）三方面。特定的植物种类不仅组成了特定的植物群落，同时也决定了群落的外貌特征及结构特征。因此，在进行植被分类时，应首先将植被本身的特点作为划分依据，尤其是植物群落的优势种、建群种及共建种。

植被以外的特点包括：顶极群落、生境或环境、群落的地理位置等方面。特定的植物群落往往分布在特定的生境中，具有一定的地理分布范围。植物群落会在一定程度上影响生境，同时，生境也直接影响和制约了植被的生长与分布。因此，植被以外的特点也是划分群落类型的一个重要依据。

而植被与环境结合的特点是通过分析得到的。通过单独分析植被和单独分析环境成分，然后把它们联系起来或通过植被和环境的联合分析，强调机能上的相互依赖性。

随着植被分类研究的逐步深入，其体系也需要具有更加完整的涵盖范围、稳定的分类单位及相对透明的构建过程。另外，现有的植被分类体系能不能满足使用者的需求，其应用性能不能得到进一步的增强，是当今植被分类领域所要面临的新挑战（van der Maarel，2017）。

第二节　植被分类系统与方法

植被群落研究开始于 19 世纪初，德国植物学家 Von Humboldt 和 Bonpland（1807）首先提出以生长型划分植被类型；1872 年 Grisebach 把气候与植被分类关联起来。之后，Clements（1905）、Braun-Blanquet（1928）等众多学者进行进一步的植被分类研究，并提出自己的分类系统。但 200 多年来，国际上没有统一的分类方法，不同国家或不同地区的分类方法和分类系统不尽相同。德国、奥地利、日本等国的植被多采用 Braun-Blanquet（1928）的植物区系分类系统。随着人们对群落认识的不断加深，在植被分类过程中，依据的原则和方法更加全面而不再集中在单一的方法上。英国植被分类系统高级单位的划分依据是生态外貌，低级单位的依据是区系特征，中级单位简略，符合当地特征。

现阶段被广为采用的分类方法和系统主要有外貌分类（physiognomic classification）、外貌–生态分类（eco-physiognomic classification）、结构分类（structural classification）、植物区系分类（floristic characteristic classification）、优势度分类（dominate type classification）、演替分类、数量分类（numerical classification）等分类系统与方法（宋永昌，2011；王伯荪，1987）。

一、外貌分类

外貌分类（physiognomic classification）是较常用的群落分类标准之一，近几十年被广泛采用。根据演替理论，任何一个区域，最终会形成外貌相同的顶极群落，因此，每个区域都存在着一定的主要外貌群落。1806 年 Humboldt 首先按外形发表了第一个植物生长型（growth-form）的分类，后经过 Auguest Grisebach（1872）、Anton Kerner、Oscar Drude 和 Eduard Rübel 等生态学者的修正补充，主要植物群落外貌类型归纳为森林（forest）、林地（woodland）、密灌丛（scrub）、草地（grassland）、稀疏干草原（savanna）、灌木稀疏干草原（shrub savanna）、树丛（groveland）、稀树草地（parkland）、草甸（meadow）、干草原（steppe）、草甸性草原（meadow-steppe）、真草原（true steppe）、灌丛干草原（shrub- steppe）、草本沼泽（marsh）、木本沼泽（Swamp）、荒原（fellfield）。

二、生态–外貌分类

生态–外貌分类的特点是：直观具体，并能反映气候条件。一般而言，在较大范围或洲际尺度上，气候是决定陆地植被类型及其分布的最主要因素，植被则是地球气候最鲜明的反映和标志，植被与气候的关系是相互对应的，这是从长期研究中得出的基本植被生态学规律。1872 年 Grisebach 第一次以外貌为基础描述全球植被与气候的关系，并把这种外貌的分类单位称为"formation"（群系）。之后，生态–外貌分类方法得到了普遍的推广和应用。生态–外貌分类理论对植物学界主要学派之一的苏黎世学派影响深远，并成为其传统思想。其中，以 Ellenberg 和 Mueller-Dombois 于 1969 年和 1973 年依据外貌–生态原则提出的分类方法最为著名。

Ellenberg 和 Mueller-Dombois 的世界植被分类，为联合国教育、科学及文化组织（UNESCO）修订的《世界植物群系的外貌——生态分类试行方案》（1967）的突出代表。这个分类系统的植物群系及各级分类单位都是结合着植物生活型以群落外貌为依据。群系纲的划分以生活型为依据，在群系纲下按常绿或落叶及对生境的生态适应划分群系亚纲，在群系亚纲下按群落对大气候适应所形成的生态外貌划分群系组，在群系组下按群落的生境与相关的外貌划分群系，群系下再按阔叶或者针叶等划分亚群系，亚群系下还可进一步细分。分类单位如下：

  Ⅰ. 群系纲（Formation class）
   A. 群系亚纲（Formation subclass）
    1. 群系组（Formation group）
     a. 群系（Formation）
      （1）亚群系（Subformation）
       （a）（再细分）

这个分类系统的特点是易伸缩，若有需要，允许增加单位。它提供了一个框架，可使无数在植物种类上十分不同的单位对应成外貌上和生态上相等的抽象类目。该分类方法适用于地域宽广的高级单位的划分。

三、结构分类

相同群落结构和外貌是有关联的，有时甚至是同一的。Fosberg 在 20 世纪 60 年代提出了植被一般的结构分类近似法，这个分类系统被国际生物计划（IBP）采纳作为制订植被图的指南。Fosberg 系统严格地以现有植被为根据，并有意识地避免了与环境标准的结合。Fosberg 把外貌和结构作了明确的划分，外貌是指外部表现及总的组成特征，就是指像森林、草地、热带稀树草原、荒漠这样的大单位。结构则关系到植物生物量的空间排列。此外，Fosberg 用从季节性落叶与叶片的存留上来看的机能，以及生长型或生活型的特殊季相作为植被分类的重要标准。

依据结构原则进行分类的著名方案有 Dansereau（1957）和 Kuchler（1967）的分类方案等。根据王伯荪（1987）介绍，Dansereau（1957）使用了植物生活型、植物大小、覆盖度、功能（落叶或常绿）、叶型与大小，以及叶片质地 6 个结构特征。Kuchler（1967）的系统则提供了一种谱系式方案，首先分为木本植被和草本植被两大类。木本植被中分为 B.阔叶常绿、D.阔叶落叶、E.针叶林常绿、N.针叶落叶、A.无叶、S.半落叶（B+D）、M.混交（E+D）7 个类别；草本植被则分为G.禾草类及 H.非禾草类、地衣和苔藓，并进一步按特化的生活型、叶片质地、高度和盖度等特征来分类。它们的结构分类原则的另一特点，是可以用文字或符号组成公式以表达植被特征。

四、植物区系分类

植物区系分类系统（floristic characteristic classification）即 Braun-Blanquet 的分类系统（Westhoff and van der Maarel，1978），被认为是应用最广泛、最有效和最标准化的分类系统，德国、奥地利、日本等国植被志多采用 Braun-Blanquet 的分类系统。植物区系分类系统源于南欧，以法瑞学派为代表。该分类系统强调特征种在群落分类中的作用都是以种类组成的相似性，特别是以特征种（character-species）的代表性为依据，将植被样地归为群落类型的。这个种类组成的分类系统的基本单位是群丛。群丛可再归为更高级的单位群属（alliances），群属之上有群目（orders），群目再归为更高级的群纲。群丛可以向下细分为亚群丛，亚群丛再分为变型（variants）和群相（facies）。

五、优势度分类

支持优势度分类以英美学派为代表。优势度类型是根据一个或几个优势种所确定的一种群落的类型级。这些优势种往往是群落最上层中最主要的种，有时也可以是下层中覆盖度最大的种。Flahault 早在 1901 年就开始用优势度作为群丛划分的依据。Clements 学派所提倡的分类方法，在苏联及北欧，特别是斯堪的纳维亚国家的学者们，更多地注意各层的优势种，注意各层优势种的结合，把各层优势种相同的群落称为基群丛，然后再根据主要层次的异同确定更高级的单位。

Clements 学派的优势度型是与顶极群落相联系的，被划分出来的优势度型称为群丛（association），外貌一致的群丛联合为群系（formation）。

六、演替分类

演替分类也被称为"动态的植被分类"。Clements（1905）根据演替关系发展了一个分类系统，亦从空间上的相似性、优势种及其群落的差异上推导出时间上的变化。关键的部分形成了一个地区性的气候顶极群落，所有其他群落都以年代顺序与气候顶极群落关联起来。植被分类主要是对顶极群落进行分类，而顶极群落同时也是某种气候的指示，这样的顶极群落称为群系。在群系下按种类组成再划分亚类，称之为群丛。群丛以下按伴生的优势种不同可以再划分为变群丛（faciation），其下还可进一步划分为局丛（lociation），这是局部单位，只是在相对多度和优势种聚生情况上彼此有差异。这一方案曾用于北美洲植被划分上。

七、数量分类

由于大多数植被分类途径都带有不同程度的主观性，可以获得较为客观结果的数量分类便发展了起来。所谓结果客观，就是说，用它对样地资料进行类型划分，对于任何人来说只要按照规定的方式进行，都会得到准确一致的结果。数量分类学在20世纪50年代末由美国生物统计学家索卡尔和英国微生物学家斯尼思等首创，在发展初期数量分类方法首先被表征学派接受。80年代以后，数量分类也得到发展，数量分类学逐渐被越来越多的生物学家接受，并且广泛应用于生物分类中。数量分类学的产生在生物分类中提出定量的观点，并采用数学方法。把分类学的研究从定性的描述提高到定量的综合分析，对生物分类学的发展产生了重大的影响。

数量分类的基本思想是计算实体或属性间的相似系数。因此大部分方法首先要求计算样地记录间的相似（或相异）系数，再以此为基础把样地记录归并为组，使得组间样地记录尽量相似，而不同组间的样地记录尽量相异。数量分类的方法很多，依据分类方法的特点可以将其划分为等级聚合方法、等级划分法、非等级分类法和模糊数学分类法4种。

随着计算机技术的应用而发展起来的数量分类，为样地资料的汇总、标准化、排列、计算等诸多方面提供了便利、快捷、准确和客观的手段，但它目前只是一种辅助手段，尚难用它建立起一套由低层到高阶的完整的分类体系（张金屯，2011）。

第三节　中国植被分类单位与系统

中国很早就有关于植物群落的记载，约在公元前200年，《管子·地员篇》就是早期研究我国土壤和植物的关系及植物分布与地下水的关系很有价值的文献。

但系统对植被分类却是 20 世纪 60 年代开始。1960 年侯学煜在《中国的植被》一书中第一次系统地对我国植被进行了分类，他吸收了国际上主要植被分类系统的经验，提出了群落综合特征的分类，即根据群落的生态外貌、区系组成和生境特征进行群落分类。同样于 1960 年，钱崇澍、吴征镒等主编了《中国植被区划（初稿）》。1980 年参照了国外一些植物生态学派的分类原则和方法，采用不重叠的等级分类法编写的《中国植被》正式出版。《中国植被》依据群落本身的综合特征将中国植被分类系统分为 3 个主要等级，即植被型、群系和群丛。在这 3 个分类单位之上，各设有一个辅助级，此外根据需要在每一主要分类单位之下，再设亚级以做补充，即如下所示

植被型组

植被型（高级单位）

（植被亚型）

群系组

群系

（亚群系）

群丛组

群丛

主要分类单位的具体划分如下所述：

（1）植被型组为最高分类单位。

（2）植被型：凡建群种生活型（一级或二级）相同或相似，同时将水热条件的生态关系一致的植物群落联合为植被型，如寒温性针叶林、夏绿阔叶林、温带草原、热带荒漠等。建群种生活型相近而且群落外貌相似的植被型联合为植被型组，如针叶林、阔叶林、草地、荒漠等。

（3）群系：凡是建群种或共建种相同的植物群落联合为群系。例如，凡是以马尾松为建群种的任何群落都可归为马尾松群系。以此类推，如杉木群系、福建柏群系、栲群系等。如果群落具共建种，则称为共建种群系，如马尾松、杉木混交林。建群种亲缘关系近似（同属或相近属）、生活型（三级和四级）近似或生境相近的群系可联合为群系组。例如，落叶栎林，丛生禾草草原，根茎禾草草原等。

在生态幅度比较宽的群系内，根据次优势层片及其反映的生境条件的差异而划分亚群系。对于大多数群系而言，不需要划分亚群系。

（4）群丛：是植物群落分类的基本单位，犹如植物分类中的种。凡是层片结构相同、各层片的优势种或共优种相同的植物群落联合为群丛。凡是层片结构相似，而且优势层片与次优势层片的优势种或共优种相同的植物群丛联合为群丛组。在群丛范围内，由于生态条件的某些差异，或因发育年龄上的差异往往不可避免

地在区系成分、层片配置、动态变化等方面出现若干细微的变化。亚群丛就是用来反映这种群丛内部的分化和差异的，是群丛内部的生态–动态变型。

《中国植被》（吴征镒，1980）是当时我国植被生态学研究者思想和野外实践的结晶，为后来中国植被分类研究奠定了基础。该书将全国植被分为 10 个植被型组，29 个植被型，560 多个群系（表 2.1）。

表 2.1　中国植被分类表

植被型组	植被型	植被亚型	群系
针叶林	I. 寒温性针叶林	一、寒性落叶针叶林	（一）落叶松林（群系组）
		二、寒温性常绿针叶林	（一）云杉、冷杉林；（二）寒温性松林；（三）圆柏林
	II. 温性针叶林	一、温性常绿针叶林	（一）温性松林；（二）侧柏林
	III. 温性针阔叶混交林		（一）红松针阔叶混交林；（二）铁杉针阔叶混交林
	IV. 暖性针叶林	一、暖性落叶针叶林	
		二、暖性常绿针叶林	（一）暖性松林；（二）油杉林；（三）柳杉林；（四）杉木林；（五）柏木林
	V. 热性针叶林	一、热性常绿针叶林	（一）热性松林
阔叶林	VI. 落叶阔叶林	一、典型落叶阔叶林	（一）栎林；（二）落叶阔叶杂木林；（三）野苹果林
		二、山地杨桦林	（一）杨林；（二）桦林；（三）桤木林
		三、河岸落叶阔叶林	（一）荒漠河岸林；（二）温性河岸落叶阔叶林；（三）胡颓子林
	VII. 常绿、落叶阔叶混交林	一、落叶、常绿阔叶混交林	
		二、山地常绿落叶阔叶混交林	（一）青冈、落叶阔叶混交林；（二）木荷、落叶阔叶混交林；（三）水青冈、常绿阔叶混交林；（四）石栎类落叶阔叶混交林
		三、石灰岩常绿、落叶阔叶混交林	（一）鱼骨木、小栾树混交体
	VIII. 常绿阔叶林	一、典型常绿阔叶林	（一）栲类林（包括湿润型、半湿润型）；（二）青冈林（包括湿润型、半湿润型）；（三）石栎林；（四）润楠林；（五）木荷林
		二、季风常绿阔叶林	（一）栲、厚壳桂林；（二）栲、木荷林
		三、山地常绿阔叶苔藓林	（一）栲类苔藓林；（二）青冈苔藓林
		四、山顶常绿阔叶矮曲林	（一）杜鹃矮曲林；（二）吊钟花矮曲林
	IX. 硬叶常绿阔叶林		（一）山地硬叶栎类林；（二）河谷硬叶栎类林
	X. 季雨林	一、落叶季雨林	
		二、半常绿季雨林	
		三、石灰岩季雨林	
	XI. 雨林	一、湿润雨林	
		二、季节雨林	
		三、山地雨林	

续表

植被型组	植被型	植被亚型	群系
阔叶林	XII. 珊瑚岛常绿林		
	XIII. 红树林		
	XIV. 竹林	一、温性竹林	（一）山地竹林
		二、暖性竹林	（一）丘陵、山地竹林；（二）河谷、平原竹林
		三、热性竹林	（一）丘陵、山地竹林；（二）河谷、平原竹林
灌丛和灌草丛	XV. 常绿针叶灌丛		
	XVI. 常绿革叶灌丛		
	XVII. 落叶阔叶灌丛	一、高寒落叶阔叶灌丛	
		二、温性落叶阔叶灌丛	（一）山地旱生落叶阔叶灌丛；（二）山地中生落叶阔叶灌丛；（三）河谷落叶阔叶灌丛；（四）沙地灌丛及半灌丛；（五）盐生灌丛
		三、暖性落叶阔叶灌丛	（一）低山丘陵落叶阔叶灌丛；（二）石灰岩山地落叶阔叶灌丛；（三）河谷落叶阔叶灌丛
	XVIII. 常绿阔叶灌丛	一、典型常绿阔叶灌丛	（一）低山丘陵常绿阔叶灌丛；（二）石灰岩山地常绿阔叶灌丛；（三）海滨常绿阔叶灌丛；（四）河滩常绿阔叶灌丛
		二、热性刺灌丛	
	XIX. 灌草丛	一、温性灌草丛	
		二、暖热性灌草丛	（一）禾草灌草丛；（二）蕨类灌草丛
草原和稀树草原	XX. 草原	一、草甸草原	（一）丛生禾草草甸草原；（二）根茎禾草草甸草原；（三）杂类草草甸草原
		二、典型草原（干草原）	（一）丛生禾草草原；（二）根茎禾草草原；（三）半灌木草原
		三、荒漠草原	（一）丛生禾草荒漠草原；（二）杂类草荒漠草原；（三）小半灌木荒漠草原
		四、高寒牧原	（一）丛生禾草高寒草原；（二）根茎苔草高寒草原；（三）小半灌木高寒草原
	XXI. 稀树草原		
荒漠（包括肉质刺灌丛）	XXII. 荒漠	一、小乔木荒漠	
		二、灌木荒漠	（一）典型灌木荒漠；（二）草原化灌木荒漠；（三）沙生灌木荒漠
		三、半灌木、小半灌木荒漠	（一）盐柴类半灌木、小灌木荒漠；（二）多汁盐柴类半灌木、小灌木荒漠；（三）蒿类荒漠
		四、垫状小半灌木荒漠（寒荒漠）	
	XXIII. 肉质刺灌丛	一、肉质刺灌丛	
冻原	XXIV. 高山冻原	一、小灌木藓类高山冻原	
		二、草本藓类高山冻原	
		三、藓类地衣高山冻原	（一）藓类高山冻原；（二）地衣高山冻原
高山稀疏植被	XXV. 高山垫状植被		（一）密实垫状植被；（二）疏松垫状植被
	XXVI. 高山流石滩稀疏植被		

续表

植被型组	植被型	植被亚型	群系
草甸	XXVII. 草甸	一、典型草甸	（一）杂类草草甸；（二）根茎禾草草甸；（三）丛生禾草草甸；（四）苔草草甸
		二、高寒草甸	（一）蒿草高寒草甸；（二）苔草高寒草甸；（三）禾草高寒草甸；（四）杂类草高寒草甸
		三、沼泽化草甸	（一）蒿草沼泽化草甸；（二）苔草沼泽化草甸；（三）针蔺沼泽化草甸；（四）扁穗草沼泽化草甸
		四、盐生草甸	（一）丛生禾草盐生草甸；（二）根茎禾草盐生草甸；（三）苔草类盐生草甸；（四）杂草类盐生草甸；（五）一年生盐生草甸
沼泽	XXVIII. 沼泽	一、木本沼泽	
		二、草本沼泽	（一）莎草沼泽；（二）禾草沼泽；（三）杂类草沼泽
		三、苔藓沼泽	
水生植被	XXIX. 水生植被	一、沉水水生植被	
		二、浮水水生植被	
		三、挺水水生植被	

自《中国植被》（吴征镒，1980）出版以来，我国的植被分类研究多采用该分类系统，如王伯荪和张炜银（2002）对海南岛热带森林植被的分类、朱华（2007）对云南西双版纳热带植物的分类、罗辅燕（2005）对小寨子沟自然保护区的植被分类、宋永昌（2004）的中国常绿阔叶林分类试行方案，等等。

1963 年中国广东华南植物研究所周远瑞在《植物生态学与地植物学丛刊》上发表《广东省的植被分类系统》。该文将广东植被分类甲、乙、丙、丁四大组，分别是：热带植被、亚热带植被、隐域植被和栽培植被。甲组热带植被包括：热带雨林、热带季雨林、热带针叶林、红树林、热带滨海砂生丛林、热带草原和热带珊瑚礁7种植被型；乙组亚热带植被分为亚热带季雨林、亚热带常绿阔叶林、亚热带针叶林和亚热带草地4种植被型；丙组为沼泽植被、水生植被2种类型，丁组为栽培植被1种类型。1976 年广东植物研究所编写的《广东植被》，将广东植被划分为16个植被型，除人工植被型外，其他15个为自然植被型，即热带雨林、山地雨林、热带季雨林、热带针叶林、热带草原、红树林、热带海滨砂生植被、珊瑚岛植被、亚热带常绿季雨林、亚热带常绿阔叶林、亚热带针叶林、亚热带草坡、石灰岩植被、沼泽植被、水生植被。其中热带草原和亚热带草坡为次生植被型。

第四节　天井山植被分类系统

天井山地处南亚热带气候区，温暖湿润的气候，为天井山茂盛的植被提供良好条件。

天井山植被的分类，根据中国植被分类体系进行。参照 1960 年侯学煜《中国的植被》和 1980 年吴征镒编著的《中国植被》，以及植物生态学派的分类原则和方法，采用了不重叠的等级分类法，贯穿了"群落生态"原则，即以群落本身的综合特征作为分类依据，群落的种类组成、外貌和结构、地理分布、动态演替、生态环境等特征在不同的分类等级中均作了相应的反映。所采用的分类单位分 5 级：植被型组、植被型、植被亚型、群系和群丛。第三章结构描述主要分类单位为植被亚型、群系和群丛（基本单位）。同时根据天井山实地调查结果，参照《中国植被》，其分类系统如下：

针叶林（植被型组）参照中国植被

暖性针叶林（植被型）

I. 暖性常绿针叶林（植被亚型）

（一）马尾松群系

　　1. 马尾松+杉木群丛

（二）福建柏群系

　　1. 福建柏群丛

（三）杉木群系

　　1. 杉木幼林群丛

　　2. 杉木成熟林群丛

温性针叶林

II. 温性常绿针叶林

（一）柳杉群系

　　1. 柳杉+马尾松群丛

温性针阔混交林

III. 山地针阔混交林

（一）柳杉针阔混交林群系

　　1. 柳杉+枫香树+乐昌含笑群丛

（二）马尾松针阔混交林群系

　　1. 马尾松+木荷+华润楠群丛

（三）杉木针阔混交林群系

　　1. 杉木+臭椿群丛

　　2. 杉木+峨眉含笑群丛

　　3. 杉木+深山含笑群丛

　　4. 杉木+红锥群丛

阔叶林

常绿阔叶林

IV. 典型常绿阔叶林

  （一）栲群系

    1. 栲+华润楠+红锥群丛

  （二）华润楠群系

    1. 华润楠+厚叶冬青+岭南槭群丛

    2. 华润楠+红锥群丛

  （三）秀丽锥群系

    1. 秀丽锥+鬲蒴锥+毛桃木莲群丛

  （四）黄果厚壳桂群系

    1. 黄果厚壳桂+栲群丛

  （五）樟树群系

    1. 樟+八角枫+马尾松群丛

  （六）红锥群系

    1. 红锥+柳叶闽粤石楠+杜英群丛

  （七）木荷群系

    1. 木荷+厚壳桂群丛

V. 竹林

  （一）苦竹群系

    1. 苦竹群丛

VI. 山顶常绿阔叶矮曲林

  （一）假地枫皮群系

    1. 假地枫皮+云锦杜鹃+美丽新木姜子群丛

    2. 假地枫皮+硬壳柯群丛

灌丛

  天井山处于南岭山脉西南部，与地理位置接近的南岭国家级自然保护区相比，既具有相同的主要植被类型，也有其特殊的群系与群丛（王发国和董安强，2013）。天井山与南岭自然保护区都具有栲群系、木荷群系、马尾松群系及杉木群系，这些植被类型也是南亚热带森林不同演替阶段的代表性群系（彭少麟，1996）。福建柏（*Fokienia hodginsii*）在南岭自然保护区内也是重要的优势种，并且具有重要的物种保护价值（王发国和董安强，2013），而天井山的针叶林中特有福建柏群系及柳杉群系，扩充了南岭针叶林的植被类型。天井山常绿阔叶林还包括华润楠群系、黄果厚壳桂群系、樟树群系及红锥群系也是南亚热带常绿阔叶林的代表性群系，而天井山特有的假地枫皮群系作为山顶常绿阔叶矮林群系，增添了南岭山脉新的植被类型。

第三章　天井山植被结构与类型

第一节　针　叶　林

针叶林是以针叶树为建群种所构成的各类森林群落的总称。包括各种针叶树纯林、针叶树混交林和针叶阔叶树混交林。狭义的针叶林通常是指寒温带的地带性植被类型，或寒温带的地带生物群落。

针叶林作为一种植被型组来说，群落的组成和结构有其共性的一面。针叶林的建群种都是由具有针形、条形或鳞形叶的多年生裸子植物乔木树种组成；除了极端严酷的生境外，都能形成大乔木，具有较高的生物生产力，在其所属的生态系统中占有最显著的地位，并有力地影响到其他层次的植物和生态系统中的其他成分；大部分针叶林的建群种的针叶都具有明显的旱生型结构（如针叶具有深陷气孔、发达的角质层、含油脂等），对适应干旱和寒冷的条件无疑起到有益的作用。针叶林由于建群种高大挺拔，群落的层次分化比较明显。

《中国植被》（吴征镒，1980）采用针叶林的广义定义，将其作为一个植被型组，包含寒温性针叶林、温性针叶林、温性针阔混交林、暖性针叶林和热性针叶林 5 种植被型。天井山林场的针叶林包含了其中的暖性针叶林、温性针阔混交林和温性针叶林 3 种植被型，暖性常绿针叶林、山地针阔混交林和温性常绿针叶林 3 种植被亚型。

天井山林场的针叶林除了暖性常绿针叶林中的马尾松群系属于天然林，其他针叶林大部分都不是原生性植被类型，而是在人为活动干扰下，原生地带性植被受破坏后，人工栽培形成的次生林。它们的适应性较强，能够在较干旱贫瘠的立地条件下生长成林，并逐渐向针阔混交林演进。针叶树种成为绿化荒山的先锋树种和先锋群落；在水土保持、环境保护、生态休闲和自然教育中起着重大的作用。基于历史原因与人为因素影响，人工植被在天井山占有重要的地位。

一、暖性常绿针叶林植被亚型

暖性常绿针叶林是隶属于暖性针叶林植被型的一种植被亚型，该植被亚型以各种暖性松林为代表，基本分布在亚热带地区（陈灵芝等，2014）。天井山分布着马尾松林、杉木林、福建柏林。暖性松林一般为常绿阔叶林被破坏后形成的次生林。天井山的马尾松群系是天然林，杉木群系与福建柏群系则为人工林。

马尾松群系

Pinus massoniana Formation

马尾松+杉木群丛

Pinus massoniana+Cunninghamia lanceolata Association

马尾松（*Pinus massoniana*）属松科（Pinaceae）松属（*Pinus*）裸子植物。常绿乔木，树干较直，树冠在壮年期呈狭圆锥形，老年期内则开张如伞状。马尾松林在我国的分布极广，遍布于华中、华南各地，北起秦岭、伏牛山、大别山一线，西至四川省的青衣江流域，南至广西、广东、福建及台湾省（自治区）都有分布；在垂直分布方面，马尾松林在海拔 800m 以下的低山、丘陵和台地均有分布。马尾松是阳性树种，不耐庇荫，喜光、喜温，适应性强，耐干旱和贫瘠土壤，是亚热带荒山荒地造林的优良先锋种（中国科学院中国植物志编辑委员会，1978）。

马尾松等松属植物种群在荒地具有较高的生物活力且生长较快，能有效改善生境条件，为后期树种提供较好的环境，从而促进森林群落向后期阶段演替。马尾松等针叶树是南亚热带演替早期森林群落的代表树种。

天井山森林公园的马尾松林分布于大坪西京古道，海拔 500m 左右，中坡位。群丛外貌终年呈翠绿色（图 3.1）。群丛以马尾松、杉木为林冠上层，高 15～18m；生长较稀疏，树冠不齐呈锯齿状，不连续，郁闭度为 45%左右。林冠下层有矩叶鼠刺（*Itea oblonga*）、细枝柃（*Eurya loquaiana*）、白背叶（*Mallotus apelta*）、山乌桕（*Sapium discolor*）等阔叶树（图 3.2～图 3.4）。在 600m² 样地内，1.5m 以上立木共有 14 种 281 株（表 3.1）。

林下草本层种类丰富，层盖度达 70%，以狗脊（*Woodwardia japonica*）、扇叶铁线蕨（*Adiantum flabellulatum*）、折枝菝葜（*Smilax lanceifolia* var. *elongata*）、珍珠茅（*Subgen scleria*）、毛冬青（*Ilex pubescens*）等为主。林下土壤较干燥，少见苔藓类在林下。林内藤本植物同样稀少，常见的有玉叶金花（*Mussaenda pubescens*），相对盖度有 9%左右（图 3.5）。

福建柏群系

Fokienia hodginsii Formation

福建柏群丛

Fokienia hodginsii Association

福建柏（*Fokienia hodginsii*）属柏科（Cupressaceae）福建柏属（*Fokienia*）常

图 3.1 大坪西京古道马尾松+杉木群丛外貌

图 3.2 大坪西京古道马尾松+杉木群丛剖面图

1. 矩叶鼠刺 *Itea oblonga*；2. 杉木 *Cunninghamia lanceolata*；3. 马尾松 *Pinus massoniana*；
4. 米碎花 *Eurya chinensis*；5. 山乌桕 *Sapium discolor*；6. 白背叶 *Mallotus apelta*

图 3.3　大坪西京古道马尾松+杉木群丛侧面图

图 3.4　大坪西京古道马尾松+杉木群丛林冠层

表 3.1　大坪西京古道马尾松+杉木群丛 600m² 样地立木表

物种	拉丁名	株数	相对多度/%	相对频度/%	相对显著度/%	重要值	生活型
马尾松	*Pinus massoniana*	163	13.89	58.01	75.76	49.22	常绿乔木
杉木	*Cunninghamia lanceolata*	74	13.89	26.33	21.57	20.60	常绿乔木
矩叶鼠刺	*Itea oblonga*	12	13.89	4.27	0.95	6.37	灌木或小乔木
细枝柃	*Eurya loquaiana*	13	11.11	4.63	0.39	5.37	灌木或小乔木
白背叶	*Mallotus apelta*	3	8.33	1.07	0.29	3.23	灌木或小乔木
山乌桕	*Sapium discolor*	3	8.33	1.07	0.07	3.16	乔木或灌木
白花苦灯笼	*Tarenna mollissima*	3	8.33	1.07	0.02	3.14	灌木或小乔木
赛山梅	*Styrax confusus*	2	5.56	0.71	0.04	2.10	小乔木
青冈	*Cyclobalanopsis glauca*	3	2.78	1.07	0.77	1.54	常绿乔木
鹅掌柴	*Schefflera octophylla*	1	2.78	0.36	0.07	1.07	常绿小乔木或灌木
赤杨叶	*Alniphyllum fortunei*	1	2.78	0.36	0.04	1.06	常绿乔木
长毛杜鹃	*Rhododendron trichanthum*	1	2.78	0.36	0.04	1.06	灌木
米碎花	*Eurya chinensis*	1	2.78	0.36	0.00	1.05	灌木
秤星树	*Ilex asprella*	1	2.78	0.36	0.00	1.05	落叶灌木

注：表中米碎花、秤星树的相对显著度分别为 0.0041、0.0036。

图 3.5　大坪西京古道马尾松+杉木群丛林下草灌层

绿乔木，高可达 17m，树皮紫褐色，小枝扁平，排成一平面，鳞叶对生，生于幼树或萌芽枝上的中央之叶呈楔状倒披针形，雄球花近球形，球果近球形，熟时褐色，3～4 月花期，种子翌年 10～11 月成熟。在中国分布于福建、江西、浙江和湖南南部、广东和广西北部、四川和贵州东南部等，以福建中部最多。在福建分布于海拔 100～700m 地带，在贵州、湖南、广东及广西分布于海拔 1000m 上下地带，在云南地区分布于 800～1800m 地带（中国科学院中国植物志编辑委员会，1999）。

福建柏群丛主要分布在天井山森林公园三角架地区，海拔 700m 左右。群丛外貌苍绿色，林冠整齐，总郁闭度 65%（图 3.6～图 3.9）。福建柏群丛为人工种植所形成，在 600m² 样地中，福建柏共有 114 株，平均株距为 2.5～3.5m，排列整齐，其平均高度为 13.06m，平均胸径为 16.40cm（表 3.2）。

由于人工护理的缘故，林下灌木稀疏，零星分布若干三花冬青（*Ilex triflora*）、毛冬青、细枝柃、网脉酸藤子（*Embelia rudis*）等小苗，草本植物同样稀疏，主要有狗脊、扇叶铁线蕨、华南毛蕨（*Cyclosorus parasiticus*）、黑莎草（*Gahnia tristis*）等（图 3.10）。

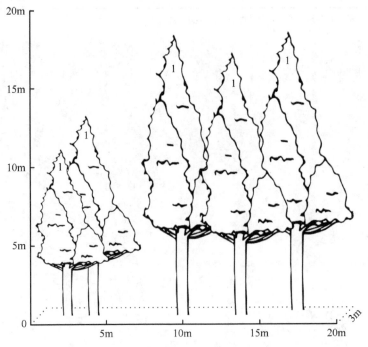

图 3.6　三角架西南坡福建柏群丛剖面图
1. 福建柏 *Fokienia hodginsii*

图 3.7　三角架西南坡福建柏群丛外貌

图 3.8　三角架西南坡福建柏群丛林冠层

图 3.9　三角架西南坡福建柏群丛侧面图

表 3.2　三角架西南坡福建柏群丛 600m² 样地立木表

物种	拉丁名	株数	相对多度/%	相对频度/%	相对显著度/%	重要值	生活型
福建柏	*Fokienia hodginsii*	154	100	100	100	100	常绿乔木

图 3.10　三角架西南坡福建柏群丛林下草灌层

杉木群系

Cunninghamia lanceolata Formation

杉木（*Cunninghamia lanceolata*）属杉科（Taxodiaceae）杉木属（*Cunninghamia*）裸子植物，又名：沙木、沙树等。常绿乔木，高达 30 m，胸径可达 2.5～3m；幼树树冠尖塔形，大树树冠圆锥形。为我国长江流域、秦岭以南地区栽培最广、生长快、经济价值高的用材树种。栽培区北起秦岭南坡、河南桐柏山、安徽大别山、江苏句容和宜兴，南至广东信宜和广西玉林、龙津及云南广南、麻栗坡、屏边、昆明、会泽、大理，东自江苏南部、浙江、福建西部山区，西至四川大渡河流域（泸定磨西面以东地区）及西南部安宁河流域。垂直分布的上限常随地形和气候条件的不同而有差异。在东部大别山区海拔700m 以下，在福建戴云山区 1000m 以下，在四川峨眉山海拔 1800m 以下，在云南大理海拔 2500m 以下，越南也有分布（中国科学院中国植物志编辑委员会，1978）。

杉木幼林群丛

杉木作为杉木属植物种群在林场具有较高的生物活力且生长较快，能有效改善生境条件，为后期树种提供较好的环境。杉木生长快，用种子繁殖或插条繁殖，或根株萌芽更新，栽培地区广，木材优良、用途广，为长江以南温暖地区最重要的速生用材树种。

杉木幼林（图 3.11）分布于天井山六马岭地区，海拔 690m 左右，上坡位。群丛外貌终年呈翠绿色。群丛类型单一、结构简单，在 600m^2 样地内，1.5m 以上立木共有 2 种 155 株（表 3.3）。杉木幼林形成乔木层，为单优群落，高 3～7m，生长较紧密，树冠不齐呈锯齿状，不连续，覆盖度 60%左右（图 3.12～图 3.13，图 3.14）。灌木层生长稀少，分布不均匀。林下草本层种类丰富，层盖度达 70%，以深绿卷柏（*Selaginella doederleinii*）、地菍（*Melastoma dodecandrum*）、珍珠茅（*Subgen scleria*）、香附子（*Cyperus rotundus*）、七星莲（*Viola diffusa*）等为主，林下土壤湿润，偶见苔藓类于林下，林内藤本植物同样稀少（图 3.15）。

杉木成熟林群丛

杉木作为杉木属植物种群在林场具有较高的生物活力且生长较快，具有较高的经济价值。杉木生长快，用种子繁殖或插条繁殖，或根株萌芽更新，栽培地区广，木材优良、用途广，为长江以南温暖地区最重要的速生用材树种。

图 3.11　六马岭叶竹山北侧山坡杉木幼林群丛外貌

表 3.3　六马岭叶竹山北侧山坡杉木幼林群丛 600m² 样地立木表

物种	拉丁名	株数	相对多度/%	相对频度/%	相对显著度/%	重要值	生活型
杉木	*Cunninghamia lanceolata*	154	99.35	85.71	99.15	94.74	常绿乔木
醉香含笑	*Michelia macclurei*	1	0.65	14.28	0.85	5.26	常绿乔木

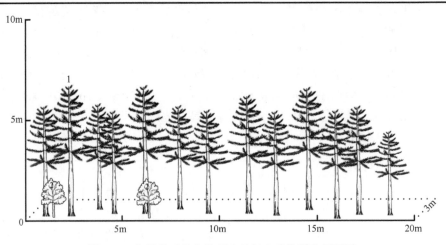

图 3.12　六马岭叶竹山北侧山坡杉木幼林群丛剖面图

1. 杉木 *Cunninghamia lanceolata*；2. 醉香含笑 *Michelia macclurei*

图 3.13 六马岭叶竹山北侧山坡杉木幼林群丛侧面图

图 3.14 六马岭叶竹山北侧山坡杉木幼林群丛林冠层

图 3.15 六马岭叶竹山北侧山坡杉木幼林群丛林下草灌层

　　天井山森林公园的杉木成熟林分布于合江口地区,海拔 450m 左右,下坡位。群丛外貌终年呈墨绿色(图 3.16)。群落类型单一、结构简单,在 600m² 样地内,1.5m 以上立木共有 8 种 188 株(表 3.4)。杉木成熟林形成乔木层,为单优群落,高 10~20m,生长较紧密,树冠较整齐呈圆锥形,较为连续,郁闭度 70%左右

图 3.16 合江口地区杉木成熟林群丛外貌

表 3.4 合江口地区杉木成熟林群丛 600m² 样地立木表

物种	拉丁名	株数	相对多度/%	相对频度/%	相对显著度/%	重要值	生活型
杉木	*Cunninghamia lanceolata*	178	94.68	42.86	97.07	78.20	常绿乔木
长花厚壳树	*Ehretia longiflora*	2	1.06	14.29	0.60	5.32	常绿乔木
山乌柏	*Sapium discolor*	3	1.60	7.14	0.84	3.19	乔木或灌木
鬲蓢锥	*Castanopsis fissa*	1	0.53	7.14	0.39	2.69	常绿乔木
蕈树	*Altingia chinensis*	1	0.53	7.14	0.37	2.68	常绿乔木
杨梅	*Myrica rubra*	1	0.53	7.14	0.35	2.67	常绿乔木
罗浮柿	*Diospyros morrisiana*	1	0.53	7.14	0.26	2.64	乔木或小乔木
长毛山矾	*Symplocos dolichotricha*	1	0.53	7.14	0.12	2.60	常绿乔木

（图 3.17～图 3.19）。灌木层生长稀少，分布不均匀。林下草本层种类丰富，层盖度达 90%，以深绿卷柏、细枝栟、乌毛蕨（*Blechnum orientale*）、里白（*Hicriopteris glauca*）、毛果巴豆（*Croton lachnocarpus*）等为主。林下土壤湿润，偶见苔藓类于林下。林内藤本植物同样稀少（图 3.20）。

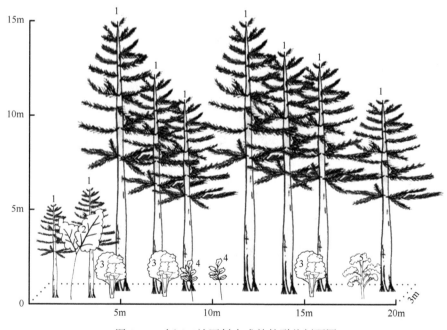

图 3.17 合江口地区杉木成熟林群丛剖面图

1. 杉木 *Cunninghamia lanceolata*；2. 长花厚壳树 *Ehretia longiflora*；3. 鬲蓢锥 *Castanopsis fissa*；
4. 毛果巴豆 *Croton lachnocarpus*；5. 蕈树 *Altingia chinensis*

图 3.18 合江口地区杉木成熟林群丛侧面图 1

图 3.19 合江口地区杉木成熟林群丛侧面图 2

图 3.20　合江口地区杉木成熟林群丛林下草灌层

二、温性常绿针叶林

温性常绿针叶林隶属于温性针叶林植被型的一个植被亚型。亚热带该植被亚型分布于中山，如亚热带东部山地的柳杉林（陈灵芝等，2014）。天井山高山就分布有柳杉群系。

柳杉群系

Cryptomeria fortunei Formation

柳杉+马尾松群丛

Cryptomeria fortunei+Pinus massoniana Associasion

柳杉（*Cryptomeria fortunei*）属杉科（Taxodiaceae）柳杉属（*Cryptomeria*）裸子植物。乔木，高达 40m，胸径可达 2m 多。树皮红棕色，纤维状，裂成长条片脱落；大枝近轮生，平展或斜展；小枝细长，常下垂，绿色，枝条中部的叶较长，常向两端逐渐变短。叶钻形略向内弯曲，先端内曲，四边有气孔线，长 1～1.5cm，果枝的叶通常较短，有时长不及 1cm，幼树及萌芽枝的叶长达 2.4cm。柳杉幼龄能稍耐萌，在温暖湿润的气候和土壤酸性、肥厚而排水良好的山地，生长较快；在寒冷较干、土层瘠薄的地方生长不良。柳杉为中国特有树种，产于浙江天目山、福建南屏三千八百坎及江西庐山等地海拔 1100m 以下地带，在江苏南部、浙江、安徽南部、河南、湖北、湖南、四川、贵州、云南、广西及广东等地均有栽培，生长良好（中国科学院中国植物志编辑委员会，1978）。

天井山高山针叶林柳杉+马尾松群丛分布在海拔 1130m 的二弯地区。土壤主要为砖红色壤土，群丛外貌呈深绿色，林相波浪起伏，立木密度中度，结构简单（图 3.21）。在 600m² 样地内，1.5m 以上立木共有 6 种 86 株，胸径超过 10m 的有 31 株，占全部立木的 36%（表 3.5）。乔木层优势种为柳杉，层高为 10m 左右，层盖度约 30%（图 3.22，图 3.23）。灌木层主要优势种有罗浮柿（*Diospyros morrisiana*）、山鸡椒（*Litsea cubeba*）、秤星树、刺毛杜鹃（*Rhododendron championae*），层高 1.5～2m，盖度约 3%。草本层优势种层高 0.5～1m，芒萁（*Dicranopteris dichotoma*）盖度约 80%，灯心草（*Juncus effusus*）盖度约 30%（图 3.24）。

图 3.21　二弯地区柳杉+马尾松群丛外貌

表 3.5　二弯地区柳杉+马尾松群丛 600m² 样地立木表

物种	拉丁名	株数	相对多度/%	相对频度/%	相对显著度/%	重要值	生活型
柳杉	*Cryptomeria fortunei*	69	80.2	35.3	88.3	67.9	乔木
马尾松	*Pinus massoniana*	7	8.1	29.4	8.8	15.5	乔木
岗柃	*Eurya groffii*	6	7.0	11.8	1.1	6.6	灌木或小乔木
杜鹃	*Rhododendron simsii*	2	2.3	11.8	0.2	4.8	乔木或灌木
杉木	*Cunninghamia lanceolata*	1	1.2	5.9	1.4	2.8	乔木
山鸡椒	*Litsea cubeba*	1	1.2	5.9	0.2	2.4	落叶灌木或小乔木

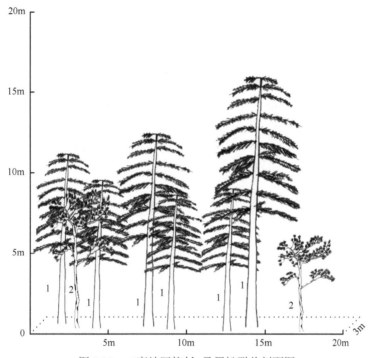

图 3.22　二弯地区柳杉+马尾松群丛剖面图

1. 柳杉 *Cryptomeria fortunei*；2. 马尾松 *Pinus massoniana*

图 3.23　二弯地区柳杉+马尾松群丛侧面图

图 3.24 二弯地区柳杉+马尾松群丛林下草灌层

三、山地针阔混交林

山地针阔混交林是隶属于温性针阔混交林植被型的一个植被亚型。针阔混交林是由针叶树和阔叶树混交而组成的森林。针阔混交林一般属于温带森林类型，因而有两种分布位置，一种是作为水平地带性类型分布于温带，一种是作为垂直带类型分布于亚热带中山上部（陈灵芝，2014）。天井山的山地针阔混交林属于后者，分布有柳杉针阔混交林、马尾松针阔混交林、杉木针阔混交林群系。

柳杉针阔混交林群系

Cryptomeria fortunei Formation

柳杉+枫香树+乐昌含笑群丛

Cryptomeria fortunei+Liquidambar formosana+Michelia chapensis Association

柳杉（*Cryptomeria fortunei*）属杉科柳杉属植物，常绿乔木，高达 40m，胸径可达 2m；树皮红棕色，纤维状，裂成长条片脱落；大枝近轮生，平展或斜展；小枝细长，常下垂，绿色，枝条中部的叶较长，常向两端逐渐变短。叶钻形略向内弯曲，先端内曲，四边有气孔线，长 1～1.5cm，果枝的叶通常较短，有时长不及1cm，幼树及萌芽枝的叶长达 2.4cm。柳杉幼龄能稍耐荫，在温暖湿润的气候和土壤酸性、肥厚而排水良好的山地，生长较快；在寒冷较干、土层瘠薄的地方生长不良。为我国特有树种，产于浙江天目山、福建南屏三千八百坎及江西庐山等地海拔 1100m 以下地带，有数百年的老树。在江苏南部、浙江、安徽南部、河南、湖北、湖南、四川、贵州、云南、广西及广东等地均有栽培，生长良好（中国科学院中国植物志编辑委员会，1978）。

柳杉林主要分布在天井山的吊鱼坳地区，海拔 600～700m。群丛外貌呈苍绿色，群丛林木稀疏，未形成连续冠层，总郁闭度 30%～35%（图 3.25）。乔木植物种类较少，群落结构简单，在 600m² 样地内，1.5m 以上立木共有 7 种 74 株（表 3.6）。乔木层可分为两层，第一层高 17～20m，最高达 22m，主要由柳杉组成；第二层高 5～8m，主要由人工种植的枫香树、乐昌含笑、观光木（*Tsoongiodendron odorum*）等组成（图 3.26～图 3.28）。由于林冠层稀疏，林下光线充足，因而草本层植物丰富，狗脊、蕺菜（*Houttuynia cordata*）为主要优势种，杂有团叶陵齿蕨（*Lindsaea orbiculata*）、薄片变豆菜（*Sanicula lamelligera*）、玉叶金花、土牛膝（*Achyranthes aspera*）、火炭母（*Polygonum chinense*）、毛蕨（*Cyclosorus interruptus*）等草本植物构成密被土壤的草本层（图 3.29）。

图 3.25　吊鱼坳地区柳杉+枫香树+乐昌含笑群丛外貌

表 3.6　吊鱼坳地区柳杉+枫香树+乐昌含笑群丛 600m² 样地立木表

物种	拉丁名	株数	相对多度/%	相对频度/%	相对显著度/%	重要值	生活型
柳杉	*Cryptomeria fortunei*	35	47.30	26.32	97.38	57.00	常绿乔木
乐昌含笑	*Michelia chapensis*	17	22.97	26.32	1.54	16.94	常绿乔木
枫香树	*Liquidambar formosana*	18	24.32	26.32	0.85	17.16	落叶乔木
观光木	*Tsoongiodendron odorum*	1	1.35	5.26	0.03	2.22	常绿乔木
木荷	*Schima superba*	1	1.35	5.26	0.06	2.22	常绿乔木
牛耳枫	*Daphniphyllum calycinum*	1	1.35	5.26	0.08	2.23	灌木
华润楠	*Machilus chinensis*	1	1.35	5.26	0.06	2.22	常绿乔木

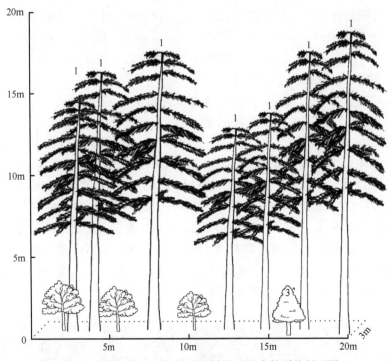

图 3.26　吊鱼坳地区柳杉+枫香树+乐昌含笑群丛剖面图

1. 柳杉 *Cryptomeria fortunei*；2. 乐昌含笑 *Michelia chapensis*；3. 枫香树 *Liquidambar formosana*

图 3.27　吊鱼坳地区柳杉+枫香树+乐昌含笑群丛林冠层

图 3.28　吊鱼坳地区柳杉+枫香树+乐昌含笑群丛侧面图

图 3.29　吊鱼坳地区柳杉+枫香树+乐昌含笑群丛林下草灌层

马尾松针阔混交林群系

Pinus massoniana Formation

马尾松+木荷+华润楠群丛

Pinus massoniana+*Schima superba*+*Machilus chinensis* Association

马尾松（*Pinus massoniana*）属松科（Pinaceae）松属（*Pinus*）裸子植物，常绿乔木，成年树皮红褐色，下部灰褐色，裂成不规则的鳞状块片；枝平展或斜展，树冠宽塔形或伞形，针叶 2 针一束。产于江苏（六合、仪征）、安徽（淮河流域、大别山以南）、河南西部峡口、陕西汉水流域以南、长江中下游各地，南达福建、广东、台湾北部低山及西海岸，西至四川中部大相岭东坡，西南至贵州贵阳、毕节及云南富宁（吴征镒，1979）。马尾松作为亚热带常绿针叶林的优势种，在天井山的针叶林和针阔混交林中较为常见，并广泛分布（中国科学院中国植物志编辑委员会，1978）。

木荷（*Schima superba*）属山茶科（Theaceae）木荷属（*Schima*）被子植物，大乔木，嫩枝通常无毛。叶革质或薄革质，椭圆形，长 7～12cm，宽 4～6.5cm，先端尖锐，有时略钝，基部楔形，边缘有钝齿；叶柄长 1～2cm。产于浙江、福建、台湾、江西、湖南、广东、海南、广西、贵州，在亚热带常绿林里是建群种，在荒山灌丛是耐火的先锋树种（中国科学院中国植物志编辑委员会，1998）。

华润楠（*Machilus chinensis*）属樟科（Lauraceae）润楠属（*Machilus*）被子植物，乔木，叶倒卵状长椭圆形至长椭圆状倒披针形，先端钝或短渐尖，基部狭，革质，干时下面稍粉绿色或褐黄色，中脉在上面凹下，下面凸起，侧脉不明显。产于广东、广西。生于山坡阔叶混交疏林或矮林中（中国科学院中国植物志编辑委员会，1982）。

该群丛分布于天井山天三水电站前池，代表群丛海拔 456m，样地 600m^2，坡向为东南坡，坡度约 16°，中坡位（表 3.7）。土壤主要为黄壤土，腐殖质层和凋落物层厚度中等。群丛外貌呈翠绿色，群丛林冠整齐，林木较密集，总郁闭度达 85%（图 3.30）。乔木层主要优势种为马尾松和木荷，盖度 60%，层高 21.5m。可分为 3 层，第一层高为 21.4～23.2m，为单一的马尾松冠层；第二层高为 12.8～18.8m，以木荷为主，混合白楸（*Mallotus paniculatus*）、罗浮锥（*Castanopsis faberi*）等物种的乔木冠层；第三层高为 4.4～11.8m，主要优势种为华润楠与木荷（图 3.31～图 3.33）。灌木层主要优势种为鸭脚木，盖度约 20%，层高为 2.4m。林下草本种类丰富，盖度约为 40%，层高为 0.8m，以金毛狗（*Cibotium barometz*）、草珊瑚（*Sarcandra glabra*）、芒萁占主要优势，杂有淡竹叶（*Lophatherum gracile*）、玉叶金花、星叶蕨、莎草蕨（*Schizaea digitata*）、地菍、钩藤（*Uncaria rhynchophylla.*）、野牡丹（*Melastoma candidum*）等草本植物构成密被土壤的草本层（图3.34）。

表3.7 天三水电站前池地区马尾松+木荷+华润楠群丛600m² 样地立木表

物种	拉丁名	株数	相对多度/%	相对频度/%	相对显著度/%	重要值	生活型
马尾松	*Pinus massoniana*	9	13.64	14.81	48.52	25.66	常绿乔木
木荷	*Schima superba*	12	18.18	18.52	20.63	19.11	常绿乔木
华润楠	*Machilus chinensis*	18	27.27	14.81	8.24	16.78	常绿乔木
柃木	*Eurya japonica*	12	18.18	22.22	2.46	14.29	常绿乔木或灌木
柯	*Lithocarpus glaber*	5	7.58	11.11	2.57	7.08	常绿乔木
罗浮锥	*Castanopsis faberi*	2	3.03	3.70	9.56	5.43	常绿乔木
赤杨叶	*Alniphyllum fortunei*	3	4.55	7.41	3.78	5.25	常绿乔木
杨梅	*Myrica rubra*	3	4.55	3.70	1.45	3.23	常绿乔木
白楸	*Mallotus paniculatus*	2	3.03	3.70	2.79	3.18	常绿乔木

图3.30 天三水电站前池地区马尾松+木荷+华润楠群丛外貌

图 3.31　天三水电站前池地区马尾松+木荷+华润楠群丛剖面图

1. 木荷 *Schima superba*；2. 华润楠 *Machilus chinensis*；3. 白楸 *Mallotus paniculatus*；
4. 柃木 *Eurya japonica*；5. 马尾松 *Pinus massoniana*

图 3.32　天三水电站前池地区马尾松+木荷+华润楠群丛林冠层

图 3.33　天三水电站前池地区马尾松+木荷+华润楠群丛侧面图

图 3.34　天三水电站前池地区马尾松+木荷+华润楠群丛林下草灌层

杉木针阔混交林群系

Cunninghamia lanceolata Formation

杉木+臭椿群丛

Cunninghamia lanceolata+Ailanthus altissima Association

杉木（*Cunninghamia lanceolata*）属杉科（Taxodiaceae）杉木属（*Cunninghamia*）裸子植物，又名沙木、沙树等。常绿乔木，高达 30m，胸径可达 2.5~3m；幼树树冠尖塔形，大树树冠圆锥形。为我国长江流域、秦岭以南地区栽培最广、生长快、经济价值高的用材树种。栽培区北起秦岭南坡、河南桐柏山、安徽大别山、江苏句容和宜兴，南至广东信宜和广西玉林、龙津及云南广南、麻栗坡、屏边、昆明、会泽、大理，东自江苏南部、浙江、福建西部山区，西至四川大渡河流域（泸定磨西以东地区）及西南部安宁河流域。垂直分布的上限常随地形和气候条件的不同而有差异。在东部大别山区海拔 700m 以下，在福建戴云山区 1000m 以下，在四川峨眉山海拔 1800m 以下，在云南大理海拔 2500m 以下，越南也有分布（中国科学院中国植物志编辑委员会，1978）。

杉木+臭椿群丛分布于海拔 900m 的二十六林班区域，群丛外貌终年呈深绿色（图 3.35）。群丛类型单一、结构简单，在 600m^2 样地内，1.5m 以上立木共有 5 种 143 株（表 3.8）。杉木形成乔木层，为单优群落，相对多度为 95.8%，重要值达到 54.55，群丛中杉木的平均高度为 13m 左右，生长较密集，树冠不齐，郁闭度 40% 左右（图 3.36，图 3.37）。灌木层生长稀少，分布不均匀。林下草本层种类丰富，层盖度达 80%，以深绿卷柏、细枝柃、乌毛蕨、里白、毛果巴豆等为主。林下土壤湿润，偶见苔藓类于林下，林内藤本植物同样稀少（图 3.38）。

图 3.35　二十六林班地区杉木+臭椿群丛外貌

表 3.8 二十六林班地区杉木+臭椿群丛 600m² 样地立木表

物种	拉丁名	株数	相对多度/%	相对频度/%	相对显著度/%	重要值	生活型
杉木	*Cunninghamia lanceolata*	137	95.8	98.6	82.98	54.55	常绿乔木
臭椿	*Ailanthus altissima*	3	2.1	0.18	6.82	18.18	常绿乔木
毛桃木莲	*Manglietia moto*	1	0.7	0.95	3.58	9.09	常绿乔木
厚皮香	*Ternstroemia gymnanthera*	1	0.7	0.17	3.32	9.09	常绿乔木
小果山龙眼	*Helicia cochinchinensis*	1	0.7	0.1	3.3	9.09	常绿乔木

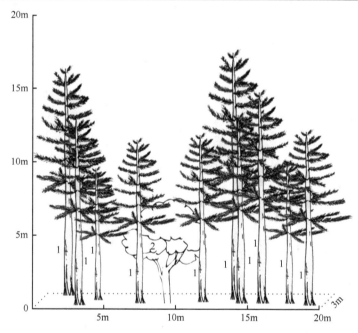

图 3.36 二十六林班地区杉木+臭椿群丛剖面图
1. 杉木 *Cunninghamia lanceolata*；2. 臭椿 *Ailanthus altissima*

杉木+峨眉含笑群丛

Cunninghamia lanceolata+Michelia wilsonii Association

峨眉含笑（*Michelia wilsonii*）属木兰科（Magnoliaceae）含笑属（*Michelia*）被子植物，常绿乔木，嫩枝绿色，被淡褐色稀疏短平伏毛，老枝节间较密，具皮孔；叶革质，倒卵形、狭倒卵形、倒披针形；花黄色，聚合果，果托扭曲；蓇葖紫褐色，长圆体形或倒卵圆形，具灰黄色皮孔，顶端具弯曲短喙；产于四川中部、西部。生于海拔 600～2000m 的林间（中国科学院中国植物志编辑委员会，1996）。

图 3.37　二十六林班地区杉木+臭椿群丛侧面图

图 3.38　二十六林班地区杉木+臭椿群丛林下草灌层

　　该群丛位于天井山三角架地区，代表样地海拔 653m，坡度 24°，坡向东，坡位为下。群丛土壤为砖红壤，质地为壤土，凋落物层和腐殖质层都较厚。群丛外观为翠绿色，物种较少，群丛郁闭度约为 70%（图 3.39）。群丛林冠整齐，群落类型单一、结构简单，物种极少，在 600 m² 样地内，1.5m 以上的乔木仅有 3 种，共176 株（表 3.9）。主要由杉木、峨眉含笑组成乔木层，层盖度为 60%，可分为两

图 3.39　三角架地区杉木+峨眉含笑群丛外貌

表 3.9　三角架地区杉木+峨眉含笑群丛 600m² 样地立木表

物种	拉丁名	株数	相对多度/%	相对频度/%	相对显著度/%	重要值	生活型
杉木	*Cunninghamia lanceolata*	145	82.39	46.15	97.25	75.26	常绿乔木
峨眉含笑	*Michelia wilsonii*	30	17.05	46.15	2.35	21.85	常绿乔木
山柿	*Diospyros montana*	1	0.57	7.69	0.40	2.89	常绿乔木

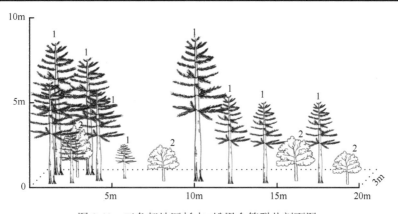

图 3.40　三角架地区杉木+峨眉含笑群丛剖面图

1. 杉木 *Cunninghamia lanceolata*；2. 峨眉含笑 *Michelia wilsonii*

层，第一层层高为 7～11m，全部由杉木组成；第二层层高为 4～6m，主要由杉木组成，有若干峨眉含笑；其中杉木优势最为明显，其重要值为 75.26，其次是柳叶闽粤石楠（*Photinia benthamiana*）为 21.85（图 3.40～图 3.42）。灌木层高 1.5～4m，类型单一，主要优势种为峨眉含笑，以及少数杉木的幼苗，层盖度约为 50%。林下草本较为密集，层盖度为 60%，层高为 0.8～1.2m，物种类群较为单一，其中主要的物种为蕨（*Pteridium aquilinum* var. *latiusculum*）、淡竹叶、白花灯笼（*Clerodendrum fortunatum*）和玉叶金花等（图 3.43）。

杉木+深山含笑群丛

Cunninghamia lanceolata+Michelia maudiae Association

深山含笑（*Michelia maudiae*）属木兰科（Magnoliaceae）含笑属（*Michelia*）被子植物，乔木，各部均无毛；树皮薄、浅灰色或灰褐色；芽、嫩枝、叶下面、苞片均被白粉。叶革质，长圆状椭圆形，很少卵状椭圆形，上面深绿色，有光泽，下面灰绿色，被白粉，心皮绿色，狭卵圆形。聚合果，蓇葖长圆体形、倒卵圆形、卵圆形。种子红色，斜卵圆形。产于浙江南部、福建、湖南、广东、广西、贵州。生于海拔 600～1500m 的密林中（中国科学院中国植物志编辑委员会，1996）。

图 3.41 三角架地区杉木+峨眉含笑群丛林冠层

图 3.42　三角架地区杉木+峨眉含笑群丛侧面图

图 3.43　三角架地区杉木+峨眉含笑群丛林下草灌层

　　该群丛位于天井山学校背地区，代表样地海拔 700m，坡度 26°，坡向东南，坡位为下。群丛土壤为砖红壤，质地为壤土，凋落物层与腐殖质层都较厚。群丛外观为深绿色，群丛物种较少，郁闭度约为 60%，群丛物种分布较密集（图 3.44）。群丛类型单一，结构简单，物种极少，在 600m² 样地内，1.5m 以上的乔木仅有杉木、深山含笑和峨嵋含笑 3 种，共 152 株（表 3.10）。全部由杉木组成乔木层，分为两层，第一层高为 11～17m；第二层高为 6～10m。因此杉木优势最为明显，其重要值为 77.61（图 3.45～图 3.47）。灌木层高 1～5m，主要优势种为深山含笑，以及少量的峨眉含笑，其中深山含笑的重要值为 18.69。草本层高 0.4～0.8m，物种类群较为单一，层盖度为 40%，其中的物种为蕨、淡竹叶和鬼灯笼（图 3.48）。

图 3.44　学校背地区杉木+深山含笑群丛外貌

表 3.10　学校背地区杉木+深山含笑群丛 600m² 样地立木表

物种	拉丁名	株数	相对多度/%	相对频度/%	相对显著度/%	重要值	生活型
杉木	*Cunninghamia lanceolata*	127	83.55	50.00	99.27	77.61	常绿乔木
深山含笑	*Michelia maudiae*	21	13.82	41.67	0.59	18.69	常绿乔木
峨眉含笑	*Michelia wilsonii*	4	2.63	8.33	0.14	3.70	常绿乔木

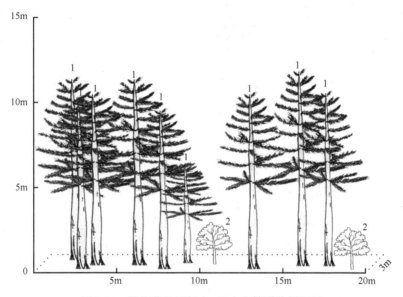

图 3.45　学校背地区杉木+深山含笑群丛剖面图

1. 杉木 *Cunninghamia lanceolata*；2. 深山含笑 *Michelia maudiae*

图 3.46　学校背地区杉木+深山含笑群丛林冠层

图 3.47 学校背地区杉木+深山含笑群丛侧面图

图 3.48 学校背地区杉木+深山含笑群丛林下草灌层

杉木+红锥群丛

Cunninghamia lanceolata+Castanopsis hystrix Association

红锥（*Castanopsis hystrix*）属壳斗科（Fagaceae）锥属（*Castanopsis*）被子植物，常绿乔木，高达 25m，胸径 1.5m。成年树的树皮浅纵裂，块状剥落，外皮灰白色，内皮红褐色，厚 6～8mm。产于福建东南部（南靖、云霄）、湖南西南部（江华）、广东（罗浮山以西南）、海南、广西、贵州（红水河南段）及云南南部、西藏东南部（墨脱）等地。生长在海拔 30～1600m 缓坡及山地常绿阔叶林中，稍干燥及湿润地方（中国科学院中国植物志编辑委员会，1998）。

该群丛分布于天井山差转台脚，代表群丛海拔 1260m，坡向为南坡，坡度约 25°，中坡位。土壤主要为黄壤，质地为砂质土，腐殖质层厚，凋落物层厚度中等。群丛外貌呈翠绿色，群丛林冠整齐，林木较密集，总郁闭度达 80%（图 3.49）。在 600m² 样地内，1.5m 以上的乔木有 16 种，共 111 株（表 3.11）。主要由杉木、红锥组成乔木层，层盖度为 70%，可分为 3 层，第一层层高为 10～14m，主要由杉木、红锥和变叶榕（*Ficus variolosa*）组成；第二层层高为 7～9m，组成物种较多，几乎涵盖了群落中的全部乔木；第三层层高为 5～6m，主要以壳斗科的锥属植物为主。乔木层中杉木优势最为明显，其重要值有 33.05，但是其次是红锥 22.94（图 3.50～图 3.51）。

灌木层高 1.2m，类型单一，主要优势种为枤木，层盖度约为 10%。林下草本物种较少，结构简单，盖度 30%，层高 0.8m，以岭南箭竹占绝对优势，零星分布草珊瑚、芒萁等草本植物（图 3.52）。

图 3.49　差转台脚地区杉木+红锥群丛外貌

表 3.11　差转台脚地区杉木+红锥群丛 600m² 样地立木表

物种	拉丁名	株数	相对多度/%	相对频度/%	相对显著度/%	重要值	生活型
杉木	*Cunninghamia lanceolata*	41	37.27	15.38	46.48	33.05	常绿乔木
红锥	*Castanopsis hystrix*	27	24.55	15.38	28.90	22.94	常绿乔木
变叶榕	*Ficus variolosa*	11	10.00	12.82	4.31	9.04	常绿乔木
罗浮锥	*Castanopsis faberi*	6	5.45	12.82	3.30	7.19	常绿乔木
樟	*Cinnamomum camphora*	4	3.64	7.69	6.32	5.88	常绿乔木
锥栗	*Castanea henryi*	7	6.36	7.69	3.03	5.70	常绿乔木
赤杨叶	*Alniphyllum fortunei*	2	1.82	5.13	0.85	2.60	常绿乔木
柃木	*Eurya japonica*	2	1.82	5.13	0.42	2.46	常绿乔木
木荷	*Schima superba*	2	1.82	2.56	2.16	2.18	常绿乔木
毛桃木莲	*Manglietia moto*	3	2.73	2.56	1.71	2.33	常绿乔木
山杜英	*Elaeocarpus sylvestris*	1	0.91	2.56	1.57	1.68	常绿乔木
栲	*Castanopsis fargesii*	1	0.91	2.56	0.29	1.25	常绿乔木
长叶柳	*Salix phanera*	1	0.91	2.56	0.26	1.24	常绿乔木
鼹蓢锥	*Castanopsis fissa*	1	0.91	2.56	0.26	1.24	常绿乔木
华润楠	*Machilus chinensis*	1	0.91	2.56	0.14	1.20	常绿乔木

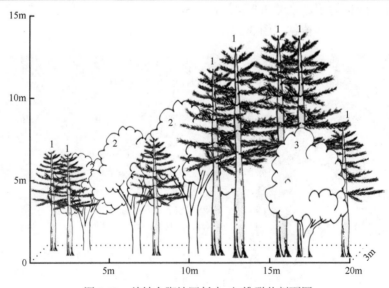

图 3.50　差转台脚地区杉木+红锥群丛剖面图

1. 杉木 *Cunninghamia lanceolata*；2. 红锥 *Castanopsis hystrix*；3. 柃木 *Eurya japonica*

图 3.51　差转台脚地区杉木+红锥群丛侧面图

图 3.52　差转台脚地区杉木+红锥群丛林下草灌层

第二节 阔 叶 林

阔叶林是以阔叶树为建群种所构成的各类森林群落的总称。

因为阔叶树种有不同的适应性状和生境条件要求，所以，在不同环境下形成各种各样的阔叶林群落。我国的阔叶林分布范围广阔，从北方的落叶阔叶林到南方热带雨林。我国东部湿润和半湿润气候下广泛分布阔叶林。每种阔叶林类型反映了地带性的自然环境条件的特点。我国阔叶树种非常丰富，形成多种多样的阔叶林类型，在不同地区发挥着保持水土、涵养水源、防风固沙等作用。

《中国植被》（吴征镒，1980）采用阔叶林的定义，将其作为一个植被型组，包含了落叶阔叶林、常绿与落叶阔叶混交林、常绿阔叶林、硬叶常绿阔叶林、季雨林、雨林、珊瑚岛常绿林、红树林、竹林这9个植被型。

天井山林场分布着阔叶林的常绿阔叶林这一植被型，典型常绿阔叶林、竹林与山顶常绿阔叶矮曲林这3种植被亚型。

一、典型常绿阔叶林

典型常绿阔叶林是隶属于常绿阔叶林植被型的一个植被亚型。该类型森林外貌四季常绿。天井山分布着栲群系、华润楠群系、秀丽锥群系、黄果厚壳桂群系、樟树群系、红锥群系、木荷群系等7个群系。

栲群系

Castanopsis fargesii Formation

栲+华润楠+红锥群丛

Castanopsis fargesii+*Machilus chinensis*+*Castanopsis hystrix* Association

栲（*Castanopsis fargesii*）属于壳斗科（Fagaceae）锥属（*Castanopsis*）常绿乔木，高度可达10~30m，树皮浅纵裂，芽鳞、嫩枝顶部及嫩叶叶柄均被与叶背相同但较早脱落的红锈色细片状蜡鳞，枝、叶均无毛。木材淡黄至棕黄色，年轮可辨，环孔材至半环孔材。木射线有细、宽两类，宽木射线常见聚合射线，材质略轻软，干时常爆裂，不耐腐。产于长江以南各地，西南至云南东南部，西至四川西部。生于海拔200~2100m坡地或山脊杂木林中，有时成小片纯林（中国科学院中国植物志编辑委员会，1998）。

华润楠（*Machilus chinensis*）属于樟科（Lauraceae）润楠属（*Machilus*）常绿乔木。叶倒卵状长椭圆形至长椭圆状倒披针形，长5~8（10）cm，宽2~3（4）cm，先端钝或短渐尖，基部狭，革质。产于广东、广西等地。多生长于山坡阔叶混交疏林或矮林中。越南也有分布。木材坚硬，可做家具（中国科学院中国植物志编辑委员会，1982）。

红锥（*Castanopsis hystrix*）属于壳斗科（Fagaceae）锥属（*Castanopsis*）常绿乔木，高达 25m。叶纸质或薄革质，披针形，有时兼有倒卵状椭圆形，长 4～9cm，宽 1.5～4cm，稀较小或更大，顶部短至长尖，基部其短尖至近圆形，一侧略短且稍偏斜。成年树的树皮浅纵裂，块状剥落，外皮灰白色，内皮红褐色，厚 6～8mm。韧皮纤维发达，心边材区别明显，心材红棕色至褐红色，边材色较淡，辐射状散孔材，有细、宽木射线两类。宽木射线常见聚合射线。产于福建东南部（南靖、云霄）、湖南西南部（江华）、广东（罗浮山以西南）、海南、广西、贵州（红水河南段）及云南南部、西藏东南部（墨脱）。多生长于海拔 30～1600m 缓坡及山地常绿阔叶林中，稍干燥及湿润地方（中国科学院中国植物志编辑委员会，1998）。

栲+华润楠+红锥群丛分布于天井山元洞地区上坡位，海拔为 739m。土壤质地为壤土，颜色红棕色。群丛外观终年呈现深绿色（图 3.53）。群丛结构简单，以高大乔木占主要优势，属于亚热带演替中后期的成熟群落类型。在 600m^2 的样地内，1.5m 以上的立木共有 98 株（表 3.12）。栲、华润楠和红锥混交形成

图 3.53　元洞地区上坡位栲+华润楠+红锥群丛外貌

表 3.12   元洞地区上坡位栲+华润楠+红锥群丛 600m² 样地立木表

物种	拉丁名	株数	相对多度/%	相对频度/%	相对显著度/%	重要值	生活型
栲	*Castanopsis fargesii*	22	22.4	15	42.5	26.6	常绿乔木
华润楠	*Machilus chinensis*	28	28.6	15	35	26.2	乔木
红锥	*Castanopsis hystrix*	9	9.2	10	15.9	11.7	乔木
罗浮柿	*Diospyros morrisiana*	7	7.1	10	1	6	小乔木
黄果厚壳桂	*Cryptocarya concinna*	6	6.1	5	0.7	3.9	乔木
锥	*Castanopsis chinensis*	2	2	5	1.1	2.7	乔木
山乌桕	*Sapium discolor*	2	2	5	0.4	2.5	乔木或灌木
广东山龙眼	*Helicia kwangtungensis*	4	4.1	2.5	0.2	2.3	乔木
润楠	*Machilus pingii*	3	3.1	2.5	0.4	2	乔木
漆	*Toxicodendron vernicifluum*	2	2	2.5	0.4	1.7	落叶乔木
变叶榕	*Ficus variolosa*	2	2	2.5	0.3	1.6	灌木/小乔木
华南毛柃	*Eurya ciliata*	2	2	2.5	0.1	1.5	灌木/小乔木
光叶山矾	*Symplocos lancifolia*	1	1	2.5	0.5	1.4	小乔木
枫香树	*Liquidambar formosana*	1	1	2.5	0.3	1.3	落叶乔木
酸枣	*Ziziphus jujuba*	1	1	2.5	0.3	1.3	落叶小乔木/灌木
短序润楠	*Machilus breviflora*	1	1	2.5	0.3	1.3	乔木
硬壳柯	*Lithocarpus hancei*	1	1	2.5	0.2	1.2	乔木
毛桃木莲	*Manglietia moto*	1	1	2.5	0.2	1.2	乔木
岗柃	*Eurya groffii*	1	1	2.5	0	1.2	灌木/小乔木

乔木层，层高 8~12m，胸径大于 10cm 的有 31 株，占全部立木的 1/3，树冠不齐，波浪起伏，群丛密度稀疏，不连续，覆盖度为 40%。栲、华润楠、红锥 3 种树种累计占群落重要值的 64.5%。还伴生有罗浮柿（*Diospyros morrisiana*）、黄果厚壳桂（*Cryptocarya concinna*）、锥（*Castanopsis chinensis*）（图 3.54，图 3.55）。群丛几乎没有灌木层，灌木层由零星几株华南毛柃（*Eurya ciliata*）、广东山龙眼（*Helicia kwangtungensis*），以及华润楠的幼树组成。林下腐殖质层和凋落物层厚度中等。草本层稀疏，盖度少于 5%，主要由耐阴性草本，如山姜（*Alpinia japonica*）、建兰（*Cymbidium ensifolium*），以及黑莎草（*Gahnia tristis*）、蕨（*Pteridium aquilinum* var. *latiusculum*）组成，并伴生有南蛇藤（*Celastrus orbiculatus*）、菝葜（*Smilax china*）、凤庆南五味子（*Kadsura interior*）（图 3.56）。

图 3.54　元洞地区上坡位栲+华润楠+红锥群丛剖面图

1. 华南毛柃 *Eurya ciliata*；2. 华润楠 *Machilus chinensis*；3. 广东山龙眼 *Helicia kwangtungensis*；4. 栲 *Castanopsis fargesii*；5. 红淡比 *Cleyera japonica*；6. 锥 *Castanopsis chinensis*；7. 红锥 *Castanopsis hystrix*；8. 枣 *Ziziphus jujuba*；9. 短序润楠 *Machilus breviflora*

图 3.55　元洞地区上坡位栲+华润楠+红锥群丛侧面图

图 3.56   元洞地区上坡位栲+华润楠+红锥群丛林下草灌层

华润楠群系

Machilus chinensis Formation

华润楠+厚叶冬青+岭南槭群丛

Machilus chinensis+*Ilex elmerrilliana*+*Acer tutcheri* Association

华润楠（*Machilus chinensis*）属于樟科（Lauraceae）润楠属（*Machilus*）常绿乔木。叶倒卵状长椭圆形至长椭圆状倒披针形，长 5～8（10）cm，宽 2～3（4）cm，先端钝或短渐尖，基部狭，革质。产于广东、广西。生于山坡阔叶混交疏林或矮林中。越南也有分布。木材坚硬，可做家具（中国科学院中国植物志编辑委员会，1982）。

厚叶冬青（*Ilex elmerrilliana*）属于冬青科（Aquifoliaceae）冬青属（*Ilex*）常绿灌木或小乔木，高 2～7m。树皮灰褐色。产于安徽南部、浙江、江西、福建、湖北、湖南、广东、广西、四川和贵州等地，生于海拔（200）500～1500m 的山地常绿阔叶林中、灌丛中或林缘（中国科学院中国植物志编辑委员会，1999）。

岭南槭（*Acer tutcheri*）属于槭树科（Aceraceae）槭属（*Acer*）落叶乔木，高 5～10m。树皮褐色或深褐色。小枝细瘦，无毛，当年生枝绿色或紫绿色，多年生枝灰褐色或黄褐色。冬芽卵圆形，叶纸质，基部圆形或近截形，外貌阔卵形，长6～7cm，宽8～11cm，常3裂稀5裂；裂片三角状卵形，稀卵状长圆形，先端锐尖，稀尾状锐尖，边缘具稀疏而紧贴的锐尖锯齿，稀近基部全缘，仅近先端具少数锯齿，裂片间的凹缺锐尖，深达叶片全长的 1/3，上面深绿色，下面淡绿色，无毛，稀在脉腋被丛毛。产于浙江南部、江西南部、湖南南部、福建、广东和广西东部，多生长于海拔 300～1000m 的疏林中（中国科学院中国植物志编辑委员会，1981）。

华润楠+厚叶冬青+岭南槭群丛分布于天井山元洞地区上坡位，海拔约751m。土壤质地为壤土，颜色红棕色。群丛外观呈现深绿色，秋冬季岭南槭叶片由绿转红（图 3.57）。群丛结构完整，乔木占较大优势，属于亚热带演替后期的群落类型。在 600m^2 的样地内，1.5m 以上的立木共有 165 株（表 3.13）。华润楠与岭南槭混交形成乔木层，层高 6～10m，胸径大于 10cm 的有 30 株，占全部立木的 18%，林内植物波浪起伏，群丛较密，覆盖度 25%。乔木层上层以华润楠占绝对优势，最大的华润楠胸径达到37.1cm。乔木层下层以岭南槭为优势种，还伴有青榨槭（*Acer davidii*）、光亮山矾等树种。乔木层的物种多样性比较丰富，还零星分布有马蹄荷（*Exbucklandia populnea*）、黄樟（*Cinnamomum porrectum*）、香叶树（*Lindera communis*）（图 3.58～图 3.60）。灌木层物种丰富盖度为 20%，优势种为黑柃（*Euryamacartneyi*）、铁冬青（*Ilex rotunda*）、日本杜英（*Elaeocarpus japonicus*），还

图 3.57　元洞地区上坡位华润楠+厚叶冬青+岭南槭群丛外貌

表 3.13　元洞地区上坡位华润楠+厚叶冬青+岭南槭群丛 600m^2 样地立木表

物种	拉丁名	株数	相对多度/%	相对频度/%	相对显著度/%	重要值	生活型
华润楠	*Machilus chinensis*	29	17.6	8	44.3	23.3	乔木
厚叶冬青	*Ilex elmerrilliana*	16	9.7	6.7	4.7	7	常绿灌木/小乔木
岭南槭	*Acer tutcheri*	9	5.5	5.3	2.4	4.4	落叶乔木
马蹄荷	*Exbucklandia populnea*	4	2.4	1.3	8.3	4	乔木
青榨槭	*Acer davidii*	11	6.7	2.7	1.8	3.7	乔木
光叶山矾	*Symplocos lancifolia*	6	3.6	1.3	6.1	3.7	灌木/乔木
杜英	*Elaeocarpus decipiens*	7	4.2	5.3	0.7	3.4	常绿乔木
红锥	*Castanopsis hystrix*	5	3	4	3	3.3	乔木
变叶榕	*Ficus variolosa*	5	3	5.3	1.3	3.2	灌木/小乔木
罗浮柿	*Diospyros morrisiana*	5	3	4	2	3	灌木/小乔木
鼠刺	*Itea chinensis*	7	4.2	4	0.6	3	常绿灌木
赤杨叶	*Alniphyllum fortunei*	3	1.8	4	2.4	2.7	乔木
黄樟	*Cinnamomum parthenoxylon*	2	1.2	2.7	4.2	2.7	常绿乔木
香叶树	*Lindera communis*	4	2.4	4	1.4	2.6	灌木/小乔木
铁冬青	*Ilex rotunda*	5	3	2.7	2.1	2.6	常绿乔木
黑柃	*Eurya macartneyi*	6	3.6	2.7	0.9	2.4	灌木/小乔木
漆树	*Toxicodendron vernicifluum*	4	2.4	2.7	1.9	2.3	落叶乔木
虎皮楠	*Daphniphyllum oldhamii*	2	1.2	2.7	2.8	2.2	乔木/小乔木
马尾松	*Pinus massoniana*	2	1.2	2.7	1.8	1.9	乔木
刺毛杜鹃	*Rhododendron championiae*	3	1.8	2.7	1	1.8	常绿灌木
山鸡椒	*Litsea cubeba*	4	2.4	2.7	0.3	1.8	落叶小乔木
桃叶石楠	*Photinia prunifolia*	2	1.2	2.7	0.6	1.5	常绿乔木
老鼠簕	*Acanthus ilicifolius*	2	1.2	2.7	0.1	1.3	灌木
广东山龙眼	*Helicia kwangtungensis*	8	4.8	4	1.4	3.4	乔木
栲	*Castanopsis fargesii*	1	0.6	1.3	1.9	1.3	乔木
柳叶润楠	*Machilus salicina*	2	1.2	1.3	0.8	1.1	灌木至小乔木
日本杜英	*Elaeocarpus japonicus*	3	1.8	1.3	0.2	1.1	乔木
尖叶榕	*Ficus henryi*	2	1.2	1.3	0.5	1	小乔木
冬青	*Ilex chinensis*	1	0.6	1.3	0.1	0.7	常绿乔木/灌木
毛冬青	*Ilex pubescens*	1	0.6	1.3	0.1	0.7	常绿灌木/小乔木
山龙眼	*Helicia formosana*	1	0.6	1.3	0.1	0.7	乔木
老鼠矢	*Symplocos stellaris*	1	0.6	1.3	0	0.7	常绿乔木
檫木	*Sassafras tzumu*	1	0.6	1.3	0	0.7	落叶乔木

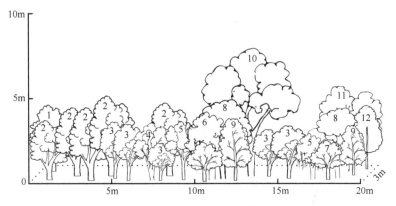

图 3.58　元洞地区上坡位华润楠+厚叶冬青+岭南械群丛剖面图

1. 黑柃 *Eurya macartneyi*；2. 青榨械 *Acer davidii*；3. 华润楠 *Machilus chinensis*；4. 刺毛杜鹃 *Rhododendron championae*；5. 马蹄荷 *Exbucklandia populnea*；6. 变叶榕 *Ficus variolosa*；7. 厚叶冬青 *Ilex elmerrilliana*；8. 罗浮柿 *Diospyros morrisiana*；9. 日本杜英 *Elaeocarpus japonicus*；10. 岭南械 *Acer tutcheri*；11. 虎皮楠 *Daphniphyllum oldhami*；12. 老鼠矢 *Symplocos stellaris*

图 3.59　元洞地区上坡位华润楠+厚叶冬青+岭南械群丛林冠层

伴生有山鸡椒（*Litsea cubeba*）、广东山龙眼（*Helicia kwangtungensis*）、老鼠矢（*Symplocos stellaris*）。林下腐殖质层和凋落物层厚度中等，草本层丰富，盖度达40%，主要以阳生性草本为主，其中芒萁和中华里白（*Hicriopteris chinensis*）占主要优势，占到70%～90%（图 3.61）。

图 3.60　元洞地区上坡位华润楠+厚叶冬青+岭南槭群丛侧面图

图 3.61　元洞地区上坡位华润楠+厚叶冬青+岭南槭群丛林下草灌层

华润楠+红锥群丛

Machilus chinensis+Castanopsis hystrix Association

　　华润楠（*Machilus chinensis*）属樟科（Lauraceae）润楠属（*Machilus*）被子植物，常绿乔木，叶倒卵状长椭圆形至长椭圆状倒披针形，圆锥花序顶生，花白色，果球形，产广东、广西，生于山坡阔叶混交疏林或矮林中（中国科学院中国植物志编辑委员会，1982）。

　　该群丛位于天井山阿婆庙地区，代表样地海拔 631m，坡度 35°，坡向西南。群丛土壤为黄壤，腐殖质层与凋落物层都较厚。群丛外貌为翠绿色，类型单一，层次明显，物种生长非常稀疏（图 3.62）。600 m² 样地中株高 1.5m 以上的立木有 11 种，共 47 棵（表 3.14）。群丛林冠整齐，冠层较高，分 3 层，第一层高 17～26m，都是高大乔木，优势种为华润楠和红锥，还有 3 棵山乌桕也达到了 17m 以上，这是比较罕见的；第二层高 10～15m，优势种仅有华润楠，其他物种为乳源木莲（*Manglietia yuyuanensis*）、刨花润楠（*Machilus pauhoi*）、罗浮锥、毛桃木莲、八角（*Illicium verum*）等；第三层高 5～10m，优势种仍为华润楠，其他物种与第二层相似。群落中华润楠的株数约占群落立木总数的 45%，其重要值达 34.58，优势非常明显；红锥虽然在株数上仅有 3 棵，但其都是 20m 以上的大乔木，胸径都在 40cm 以上，所以其重要值也较高为 17.7（图 3.63～图 3.65）。

图 3.62　阿婆庙地区华润楠+红锥群丛外貌

表 3.14 阿婆庙地区华润楠+红锥群丛 600m² 样方立木表

物种	拉丁名	株数	相对多度/%	相对频度/%	相对显著度/%	重要值	生活型
华润楠	*Machilus chinensis*	21	44.68	23.08	35.97	34.58	乔木
红锥	*Castanopsis hystrix*	3	6.38	7.69	39.01	17.7	乔木
山乌桕	*Sapium discolor*	3	6.38	7.69	11.99	8.69	乔木或灌木
八角	*Illicium verum*	4	8.51	11.54	1.52	7.19	常绿乔木
罗浮锥	*Castanopsis faberi*	3	6.38	11.54	1.72	6.55	常绿乔木
乳源木莲	*Manglietia yuyuanensis*	3	6.38	11.54	1.06	6.33	乔木
刨花润楠	*Machilus pauhoi*	3	6.38	7.69	2.28	5.45	乔木
柯	*Lithocarpus glaber*	2	4.26	7.69	4.04	5.33	常绿乔木
柃木	*Eurya japonica*	3	6.38	3.85	1.98	4.07	常绿灌木或小乔木
毛桃木莲	*Manglietia moto*	1	2.13	3.85	0.4	2.12	乔木
幌伞枫	*Heteropanax fragrans.*	1	2.13	3.85	0.03	2	乔木

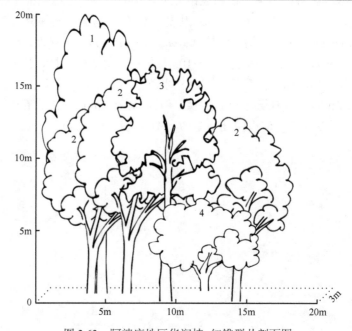

图 3.63 阿婆庙地区华润楠+红锥群丛剖面图

1. 红锥 *Castanopsis hystrix*；2. 华润楠 *Machilus chinensis*；3. 刨花润楠 *Machilus pauhoi*；4. 八角 *Illicium verum*

　　群丛灌木层高 2~4m，物种很少，仅有华润楠、罗浮锥、幌伞枫（*Heteropanax fragrans*）等，优势种为华润楠，生长稀疏，层盖度为 40%。林下草本层高 1m，生长稀疏，层盖度为 40%，主要以蕨类植物为主，优势种是大型蕨类植物金毛狗、全缘凤尾蕨（*Pteris insignis*），其他物种有深绿卷柏、毛蕨、华南紫萁（*Osmunda vachellii*）、苦竹（*Pleioblastus amarus*）、广东毛蕊茶（*Camellia melliana*）、心叶毛蕊茶（*Camellia cordifolia*）、香港瓜馥木（*Fissistigma uonicum*）等（图 3.66）。

图 3.64　阿婆庙地区华润楠+红锥群丛林冠层

图 3.65　阿婆庙地区华润楠+红锥群丛侧面图

图 3.66　阿婆庙地区华润楠+红锥群丛林下草灌层

秀丽锥群系

***Castanopsis jucunda* Formation**

秀丽锥+黧蒴锥+毛桃木莲群丛

***Castanopsis jucunda+Castanopsis fissa+Manglietia moto* Association**

　　秀丽锥（*Castanopsis jucunda*）属于壳斗科（Fagaceae）锥属（*Castanopsis*）乔木，高可达 26m，胸径可达 80cm，树皮灰黑色，块状脱落，当年生枝及新叶叶面干枯后呈褐黑色，芽鳞、嫩枝、嫩叶叶柄、叶背及花序轴均被早脱落的红棕色略松散的蜡鳞，枝、叶均无毛。叶纸质或近革质，卵形、卵状椭圆形或长椭圆形，常兼有倒卵形或倒卵状椭圆形，长 10～18cm，宽 4～8cm，顶部短或渐尖，基部近圆或阔楔形，常一侧略短且偏斜，或两侧对称，叶缘至少在中部以上有锯齿状，很少波浪状裂齿，裂齿通常向内弯钩，中脉在叶面凹陷，侧脉每边 8～11 条，直达齿尖，支脉甚纤细；叶柄长 1～2.5cm。成年树的树皮厚约 10mm，纵向深裂，树皮纤维粗糙，环孔材，仅有细木射线，年轮近圆形。木材淡棕黄色，纹理直，密致，材质中等硬度，韧性较强，干后少爆裂，颇耐腐。产于长江以南多数省份，云南见于东南部。生于海拔 1000m 以下山坡疏或密林中，间有栽培，有时成小片纯林。五岭南坡以南的新生嫩枝无或几无蜡鳞，五岭以北的有红棕色的细片状蜡鳞（中国科学院中国植物志编辑委员会，1998）。

鲹蒴锥（*Castanopsis fissa*）属于壳斗科（Fagaceae）锥属（*Castanopsis*）。高约 10m，少数达 20m，胸径达 60cm。芽鳞、新生枝顶段及嫩叶背面均被红锈色细片状蜡鳞及棕黄色微柔毛，嫩枝红紫色，纵沟棱明显。叶形、质地及其大小均与丝锥类同。产于福建、江西、湖南、贵州四省南部，广东、海南、香港、广西、云南东南部。生于海拔约 1600m 以下山地疏林中，阳坡较常见，为森林砍伐后萌生林的先锋树种之一（中国科学院中国植物志编辑委员会，1998）。

毛桃木莲（*Manglietia moto*）属于木兰科（Magnoliaceae）木莲属（*Manglietia*）乔木，高达 14m，胸径约 50cm；树皮深灰色，具数个横列或连成小块的皮孔；嫩枝、芽、幼叶、果柄均密被锈褐色绒毛。叶革质，倒卵状椭圆形、狭倒卵状椭圆形或倒披针形，长 12～25cm，宽 4～8cm，先端短钝尖或渐尖，基部楔形或宽楔形，上面无毛，下面和叶柄均被锈褐色绒毛，沿中脉较浓密；侧脉每边 10～15 条，离叶缘 5～10mm 处开叉网结；叶柄长 2～4cm，上面具狭沟；托叶披针形，长约 6cm，宽约 1.2cm，被锈褐色绒毛；托叶痕狭三角形，长约为叶柄的 1/3。木材轻软，可供一般家具、建筑用材。不耐腐，易受白蚁蛀食，需进行防腐处理。产于福建南部、湖南南部、广东北部和中部及西部、广西西部，多生长于海拔 400～1200m 的酸性山地黄壤上（中国科学院中国植物志编辑委员会，1996）。

秀丽锥+鲹蒴锥+毛桃木莲群丛分布于天井山超发电站后山地区中坡位，海拔约 990m。土壤质地为壤土，颜色红棕色。群丛外观呈现翠绿色，林冠整齐，群丛结构完整，乔木物种丰富度和均匀度较高，属于亚热带中高海拔的群落类型（图 3.67）。在 600m^2 的样地内，3m 以上的立木共有 214 株，群丛较为密集（表 3.15）。乔木层中以壳斗科占主要优势，秀丽锥、鲹蒴锥、红锥、锥，以及木兰科的毛桃木莲各群落重要值均在 7%左右，物种均匀度较高，乔木层高达 14m，乔木层分层不明显。乔木层还包括短序润楠（*Machilus breviflora*）、金叶含笑（*Michelia foveolata*）、山乌桕、岭南槭等，胸径大于 10cm 的有 44 株，占全部立木的 20%，覆盖度为 50%。灌木层物种丰富，盖度为 30%，优势种为广东山龙眼、岗柃（*Eurya groffii*）、樟叶泡花树（*Meliosma squamulata*），还伴生有广东毛蕊茶、黄叶树（*Xanthophyllum hainanense*）（图 3.68，图 3.69）。林下腐殖质层和凋落物层厚度中等，草本层盖度为 10%，主要以阳生性草本里白、狗脊占主要优势，还伴生有麦冬（*Ophiopogon japonicus*）、野牡丹、莎草、菝葜（图 3.70）。

图 3.67 超发电站后山地区中坡位秀丽锥+鹿蒴锥+毛桃木莲群丛外貌

表 3.15 超发电站后山地区中坡位秀丽锥+鹿蒴锥+毛桃木莲群丛 600m² 样地立木表

物种	拉丁名	株数	相对多度/%	相对频度/%	相对显著度/%	重要值	生活型
秀丽锥	*Castanopsis jucunda*	14	6.5	4.5	14.3	8.4	乔木
鹿蒴锥	*Castanopsis fissa*	11	5.1	4.5	13.8	7.8	常绿乔木
毛桃木莲	*Manglietia moto*	22	10.2	6.7	6.3	7.8	乔木
红锥	*Castanopsis hystrix*	12	5.6	2.2	13.9	7.2	乔木
锥	*Castanopsis chinensis*	14	6.5	3.4	10.1	6.7	乔木
岗柃	*Eurya groffii*	24	11.2	5.6	2.7	6.5	灌木/小乔木
短序润楠	*Machilus breviflora*	15	7	5.6	5.3	6	乔木
栲	*Castanopsis fargesii*	11	5.1	4.5	4.4	4.7	常绿乔木
金叶含笑	*Michelia foveolata*	6	2.8	4.5	2.2	3.2	常绿大乔木
绒毛润楠	*Machilus velutina*	10	4.7	3.4	1.4	3.1	常绿小乔木
木荚红豆	*Ormosia xylocarpa*	7	3.3	4.5	1.6	3.1	常绿乔木
竹叶木姜子	*Litsea pseudoelongata*	7	3.3	4.5	0.7	2.8	常绿小乔木
山乌桕	*Sapium discolor*	3	1.4	2.2	4.4	2.7	乔木/灌木
岭南槭	*Acer tutcheri*	5	2.3	4.5	0.4	2.4	落叶乔木
杉木	*Cunninghamia lanceolata*	3	1.4	2.2	3.2	2.3	常绿乔木
黄叶树	*Xanthophyllum hainanense*	4	1.9	3.4	0.8	2	常绿乔木
华南桂	*Cinnamomum austrosinense*	4	1.9	2.2	1.7	1.9	乔木
香叶树	*Lindera communis*	5	2.3	2.2	0.6	1.7	灌木/小乔木
日本杜英	*Elaeocarpus japonicus*	4	1.9	2.2	0.8	1.7	乔木
光叶山矾	*Symplocos lancifolia*	4	1.9	2.2	0.8	1.6	小乔木
黄果厚壳桂	*Cryptocarya concinna*	3	1.4	1.1	2	1.5	乔木

物种	拉丁名	株数	相对多度/%	相对频度/%	相对显著度/%	重要值	生活型
黄樟	*Cinnamomum porrectum*	2	0.9	2.2	1.3	1.5	常绿乔木
广东毛蕊茶	*Camellia melliana*	3	1.4	2.2	0.5	1.4	灌木
香花枇杷	*Eriobotrya fragrans*	2	0.9	2.2	0.4	1.2	常绿小乔木/灌木
广东山龙眼	*Helicia kwangtungensis*	3	1.4	1.1	0.8	1.1	乔木
山杜英	*Elaeocarpus sylvestris*	1	0.5	1.1	1.7	1.1	中等乔木
樟叶泡花树	*Meliosma squamulata*	2	0.9	2.2	0.1	1.1	小乔木
硬壳柯	*Lithocarpus hancei*	3	1.4	1.1	0.7	1.1	乔木
珊瑚树	*Viburnum odoratissimum*	2	0.9	1.1	0.3	0.8	常绿小乔木/灌木
马蹄荷	*Exbucklandia populnea*	1	0.5	1.1	0.7	0.8	乔木
柳叶润楠	*Machilus salicina*	1	0.5	1.1	0.6	0.7	灌木至小乔木
赤杨叶	*Alniphyllum fortunei*	1	0.5	1.1	0.6	0.7	乔木
华润楠	*Machilus chinensis*	1	0.5	1.1	0.3	0.6	乔木
刨花润楠	*Machilus pauhoi*	1	0.5	1.1	0.3	0.6	乔木
锐尖山香圆	*Turpinia arguta*	1	0.5	1.1	0.2	0.6	落叶灌木
深山含笑	*Michelia maudiae*	1	0.5	1.1	0.2	0.6	常绿乔木
冬青	*Ilex chinensis*	1	0.5	1.1	0.1	0.6	常绿乔木/灌木

图3.68　超发电站后山地区中坡位秀丽锥+黧蒴锥+毛桃木莲丛剖面图

1. 木荚红豆 *Ormosia xylocarpa*；2. 秀丽锥 *Castanopsis jucunda*；3. 山杜英 *Elaeocarpus sylvestris*；4. 黄果厚壳桂 *Cryptocarya concinna*；5. 红锥 *Castanopsis hystrix*；6. 锥 *Castanopsis chinensis*；7. 光叶山矾 *Symplocos lancifolia*；8. 毛桃木莲 *Manglietia moto*；9. 黄叶树 *Xanthophyllum hainanense*；10. 黧蒴锥 *Castanopsis fissa*；11. 冬青 *Ilex chinensis*；12. 短序润楠 *Machilus breviflora*；13. 广东山龙眼 *Helicia kwangtungensis*；14. 金叶含笑 *Michelia foveolata*；15. 岭南槭 *Acer tutcheri*；16. 小叶厚皮香 *Ternstroemia microphylla*；17. 细枝柃 *Eurya loquaiana*；18. 栲 *Castanopsis fargesii*；19. 岗柃 *Eurya groffii*；20. 广东毛蕊茶 *Camellia melliana*；21. 山矾 *Symplocos sumuntia*

图 3.69　超发电站后山地区中坡位秀丽锥+黧蒴锥+毛桃木莲群丛侧面图

图 3.70　超发电站后山地区中坡位秀丽锥+黧蒴锥+毛桃木莲群丛林下草灌层

黄果厚壳桂群系

Cryptocarya concinna Formation

黄果厚壳桂+栲群丛

Cryptocarya concinna+Castanopsis fargesii Association

黄果厚壳桂（*Cryptocarya concinna*）属于樟科（Lauraceae）厚壳桂属（*Cryptocarya*）乔木，高达18m，胸径35cm；树皮淡褐色。枝条灰褐色，多少有棱角，具纵向细条纹，无毛；幼枝纤细，有棱角及纵向细条纹，被黄褐色短绒毛。叶互生，椭圆状长圆形或长圆形，长5～10cm，宽2～3cm，先端钝、近急尖或短渐尖，基部楔形，两侧常不相等，坚纸质，上面稍光亮，无毛，下面带绿白色，略被短柔毛。产于广东、广西、江西及台湾，多生长于谷地或缓坡常绿阔叶林中，海拔600m以下。该种木材纹理交错，结构细致而均匀，材质硬且韧，很重，易于加工，不易折裂，耐水湿，但稍易患虫蛀，材色鲜明，呈淡灰棕色，纵切面具光泽，颇雅致，可作家具材，通常也用于建筑（中国科学院中国植物志编辑委员会，1982）。

黄果厚壳桂+栲群丛分布于天井山的铜桥电站，海拔550m左右。土壤质地为壤土，颜色红棕色。群丛外观呈现深绿色，波浪起伏，乔木物种丰富度和均匀度不高，以黄果厚壳桂占绝对优势，属于典型亚热带演替后期的群落类型（图3.71）。在600m² 的样地内，3m以上的立木共有126株，群丛较为密集（表3.16）。乔木

图 3.71 铜桥电站地区黄果厚壳桂+栲群丛外貌

表 3.16 铜桥电站地区黄果厚壳桂+栲群丛 600m² 样地立木表

物种	拉丁名	株数	相对多度/%	相对频度/%	相对显著度/%	重要值	生活型
黄果厚壳桂	Cryptocarya concinna	100	76.9	21.4	62	53.4	乔木
栲	Castanopsis fargesii	4	3.1	10.7	9.6	7.8	常绿乔木
短序润楠	Machilus breviflora	3	2.3	7.1	8.5	6	乔木
润楠	Machilus pingii	6	4.6	10.7	2.4	5.9	乔木
红锥	Castanopsis hystrix	2	1.5	7.1	3.7	4.1	乔木
山槐	Albizia kalkora	2	1.5	7.1	2.5	3.7	落叶乔木
青冈	Cyclobalanopsis glauca	2	1.5	7.1	1.7	3.5	落叶/常绿乔木
杉木	Cunninghamia lanceolata	3	2.3	3.6	4	3.3	常绿乔木
山蒲桃	Syzygium levinei	3	2.3	7.1	0.2	3.2	常绿乔木
白桂木	Artocarpus hypargyreus	1	0.8	3.6	4.8	3	大乔木
幌伞枫	Heteropanax fragrans	1	0.8	3.6	0.5	1.6	乔木
鳀蒴锥	Castanopsis fissa	1	0.8	3.6	0.1	1.5	常绿乔木
楔叶柃	Eurya cuneata	1	0.8	3.6	0.1	1.5	灌木/小乔木
黑柃	Eurya macartneyi	1	0.8	3.6	0	1.5	灌木/小乔木

层中以樟科占主要优势，其中黄果厚壳桂占群落重要值为 53.4，栲、短序润楠、润楠（*Machilus pingii*）各占群落重要值 5 以上，胸径大于 10cm 的有 45 株，占全部立木的 35.7%，覆盖度 90%（图 3.72～图 3.74）。乔木层下层，由零星几株黑柃、山蒲桃（*Syzygium levinei*）组成，结构比较单一，灌木层不发达。林下腐殖质层和凋落物层厚度中等，草本层盖度为 50%，主要以耐阴性的山姜、蕨、金毛狗为主。藤本稀少，只有威灵仙（*Clematis chinensis*）和菝葜两种（图 3.75）。

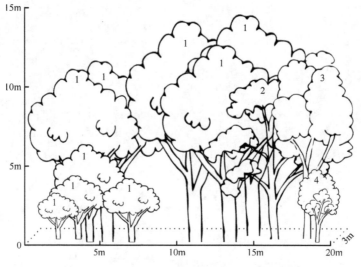

图 3.72 铜桥电站地区黄果厚壳桂+栲群丛剖面图

1. 黄果厚壳桂 Cryptocarya concinna；2. 栲 Castanopsis fargesii；
3. 润楠 Machilus pingii；4. 白桂木 Artocarpus hypargyreus

图 3.73 铜桥电站地区黄果厚壳桂+栲群丛侧面图

图 3.74 铜桥电站地区黄果厚壳桂+栲群丛林冠层

图 3.75　铜桥电站地区黄果厚壳桂+栲群丛林下草灌层

樟树群系

Cinnamomum camphora Formation

樟+八角枫+马尾松群丛

Cinnamomum camphora+Alangium chinense+Pinus massoniana Association

樟（*Cinnamomum camphora*）属于樟科（Lauraceae）樟属（*Cinnamomum*）常绿大乔木，高可达 30m，直径可达 3m，树冠广卵形；枝、叶及木材均有樟脑气味；树皮黄褐色，有不规则的纵裂。顶芽广卵形或圆球形，鳞片宽卵形或近圆形，外面略被绢状毛。多产于南方及西南各省份。常生于山坡或沟谷中，但常有栽培。越南、朝鲜、日本也有分布，其他各国常有引种栽培（中国科学院中国植物志编辑委员会，1982）。

八角枫（*Alangium chinense*）属于八角枫科（Alangiaceae）八角枫属（*Alangium*）落叶乔木或灌木，高 3～5m，稀达 15m，胸高直径 20cm；小枝略呈"之"字形，幼枝紫绿色，无毛或有稀疏的疏柔毛，冬芽锥形，生于叶柄的基部内，鳞片细小。

叶纸质，近圆形或椭圆形、卵形，顶端短锐尖或钝尖，基部两侧常不对称，一侧微向下扩张，另一侧向上倾斜，阔楔形、截形，稀近心脏形，长 13～19cm，宽 9～15cm，不分裂或 3～7 裂，裂片短锐尖或钝尖，叶上面深绿色，无毛，下面淡绿色，除脉腋有丛状毛外，其余部分近无毛。产于河南、陕西、甘肃、江苏、浙江、安徽、福建、台湾、江西、湖北、湖南、四川、贵州、云南、广东、广西和西藏南部；生于海拔 1800m 以下的山地或疏林中。东南亚及非洲东部各国也有分布（中国科学院中国植物志编辑委员会，1983）。

马尾松（*Pinus massoniana*）属于松科（Pinaceae）松属（*Pinus*）乔木，高达 45m，胸径 1.5m；树皮红褐色，下部灰褐色，裂成不规则的鳞状块片；枝平展或斜展，树冠宽塔形或伞形，枝条每年生长一轮，但在广东南部则通常生长两轮，淡黄褐色，无白粉，稀有白粉，无毛。产于江苏（六合、仪征）、安徽（淮河流域、大别山以南）、河南西部峡口、陕西汉水流域以南、长江中下游各省份，南达福建、广东、台湾北部低山及西海岸，西至四川中部大相岭东坡，西南至贵州贵阳、毕节及云南富宁。在长江下游其垂直分布于海拔 700m 以下，在长江中游分布于海拔 1200m 以下，在西部分布于海拔 1500m 以下。为喜光、深根性树种，不耐庇荫，喜温暖湿润气候，能生于干旱、瘠薄的红壤、石砾土及沙质土，或生于岩石缝中，为荒山恢复森林的先锋树种。常组成次生纯林或与栎类、山槐、黄檀等阔叶树混生。在肥润、深厚的砂质壤土上生长迅速，在钙质土上生长不良或不能生长，不耐盐碱。心边材区别不明显，淡黄褐色，纹理直，结构粗，比重 0.39～0.49，有弹性，富树脂，耐腐力弱。供建筑、枕木、矿柱、家具及木纤维工业（人造丝浆及造纸）原料等用。树干可割取松脂，为医药、化工原料。根部树脂含量丰富；树干及根部可培养茯苓、蕈类，供中药及食用，树皮可提取栲胶。为长江流域以南重要的荒山造林树种（中国科学院中国植物志编辑委员会，1978）。

樟+八角枫+马尾松群丛分布于大坪中坡，海拔 450m 左右。土壤质地为黏土，颜色红色。群丛外观呈现黄绿色，林冠不齐，乔木物种稀少，以黄樟、八角枫、马尾松占主要优势，群落属于早期群落类型，群落结构单一（图 3.76）。在 600m^2 的样地内，3m 以上的立木共有 36 株，群丛稀疏（表 3.17）。乔木层中以黄樟、八角枫、马尾松占优势，其中黄樟、八角枫、马尾松占群落重要值分别为 32.4，22.1，20.8，覆盖度为 15%（图 3.77～图 3.79）。灌木层由零星几株香叶树、黄荆（*Vitex negundo*）组成，结构比较单一，不发达。腐殖质层和凋落物层厚度薄。草本层盖度 35%，草本层物种丰富，以蔓生莠竹、山菅为主要优势种，还有华南毛蕨、半边旗（*Pteris semipinnata*）、琴叶榕（*Ficus pandurata*）、白头婆（*Eupatorium japonicum*），藤本植物物种丰富度较高，有小叶海金沙（*Lygodium scandens*）、玉叶金花、高砂悬钩子（*Rubus nagasawanus*）、鸡矢藤（*Paederia scandens*）、菝葜（图 3.80，图 3.81）。

图 3.76　大坪地区中坡樟+八角枫+马尾松群丛外貌

表 3.17　大坪地区中坡樟+八角枫+马尾松群丛 600m² 样地立木表

物种	拉丁名	株数	相对多度/%	相对频度/%	相对显著度/%	重要值	生活型
樟	*Cinnamomum camphora*	13	33.4	27.3	36.6	32.4	常绿大乔木
八角枫	*Alangium chinense*	14	38.9	9.1	18.3	22.1	落叶乔木
马尾松	*Pinus massoniana*	4	11.1	18.2	33.2	20.8	乔木
乌桕	*Sapium sebiferum*	2	5.6	9.1	5.1	6.6	乔木
枫香树	*Liquidambar formosana*	1	2.8	9.1	2.2	4.7	落叶乔木
朴树	*Celtis sinensis*	1	2.8	9.1	2	4.6	落叶乔木
黄荆	*Vitex negundo*	1	2.8	9.1	1.5	4.5	灌木
香叶树	*Lindera communis*	1	2.8	9.1	1.2	4.4	灌木/小乔木

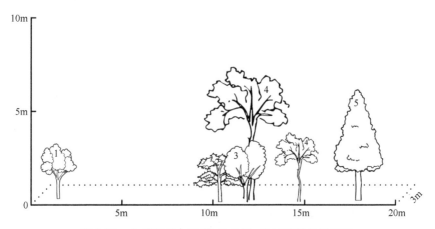

图 3.77 大坪地区中坡樟+八角枫+马尾松群丛剖面图
1. 香叶树 *Lindera communis*；2. 八角枫 *Alangium chinense*；3. 黄荆 *Vitex negundo*；
4. 樟 *Cinnamomum camphora*；5. 枫香树 *Liquidambar formosana*

图 3.78 大坪地区中坡樟+八角枫+马尾松群丛林冠层

图 3.79　大坪地区中坡樟+八角枫+马尾松群丛侧面图

图 3.80　大坪地区中坡樟+八角枫+马尾松群丛林下草灌层-1

图 3.81　大坪地区中坡樟+八角枫+马尾松群丛林下草灌层-2

红锥群系

***Castanopsis hystrix* Formation**

红锥+柳叶闽粤石楠+杜英群丛

***Castanopsis hystrix+Photinia benthamiana* var. *salicifolia+Elaeocarpus decipiens* Association**

红锥（*Castanopsis hystrix*）属壳斗科（Fagaceae）锥属（*Castanopsis*）被子植物，常绿乔木，成年树的树皮浅纵裂，块状剥落，外皮灰白色，内皮红褐色，厚 6~8mm。产于福建东南部（南靖、云霄）、湖南西南部（江华）、广东（罗浮山以西南）、海南、广西、贵州（红水河南段）及云南南部、西藏东南部（墨脱）等地。生长在海拔 30~1600m 缓坡及山地常绿阔叶林中，稍干燥及湿润地方。红锥作为亚热带常绿阔叶林的优势种，在天井山的阔叶林中较为常见，并广泛分布（中国科学院中国植物志编辑委员会，1998）。

柳叶闽粤石楠（*Photinia benthamiana* var. *salicifolia*）属蔷薇科（Rosaceae）石楠属（*Photinia*）闽粤石楠（*Photinia benthamiana*）的柳叶变种，冬季落叶，其叶片窄披针形至卵状披针形，长 5~13cm，宽 1~2.5cm，先端长渐尖，稀急尖，基部渐狭成短叶柄。产于广东、海南、广西。生于海拔 1000m 以下林中（中国科学院中国植物志编辑委员会，1974）。

　　杜英（*Elaeocarpus decipiens*）是杜英科（Elaeocarpaceae）杜英属（*Elaeocarpus*）常绿乔木，高 5～15m，嫩枝及顶芽初时被微毛，叶革质，披针形或倒披针形，花白色，萼片披针形，核果椭圆形，外果皮无毛，内果皮坚骨质。产于广东、广西、福建、台湾、浙江、江西、湖南、贵州和云南。多生长于海拔 400～700m，在云南上升到海拔 2000m 的林中（中国科学院中国植物志编辑委员会，1989）。

　　该群丛位于天井山的仙洞地区，代表样地海拔约 695m，坡度 20°，坡向南。土壤为红棕壤，腐殖质层和凋落物层较厚。群丛外观为黄绿色，群落类型单一、结构简单，物种较少（图 3.82）。在 600 m^2 样地内，1.5m 以上的乔木有 19 种，共 86 株（表 3.18）。主要由红锥、柳叶闽粤石楠和杜英构成乔木层，高 5～10m，群落林

图 3.82　仙洞地区红锥+柳叶闽粤石楠+杜英群丛外貌

表 3.18　仙洞地区红锥+柳叶闽粤石楠+杜英群丛 600m^2 样地立木表

物种	拉丁名	株数	相对多度/%	相对频度/%	相对显著度/%	重要值	生活型
红锥	*Castanopsis hystrix*	20	23.26	13.95	42.25	26.49	常绿乔木
柳叶闽粤石楠	*Photinia benthamiana* var. *salicifolia*	13	15.11	16.28	9.41	13.6	落叶乔木
杜英	*Elaeocarpus decipiens*	11	12.79	9.30	8.85	10.31	常绿乔木
锥	*Castanopsis chinensis*	8	9.30	6.98	7.88	8.05	乔木
山乌桕	*Sapium discolor*	8	9.30	9.30	3.88	7.50	乔木或灌木
毛桃木莲	*Manglietia moto*	5	5.81	9.30	2.95	6.02	乔木
黄丹木姜子	*Litsea elongata*	4	4.65	2.33	6.92	4.63	常绿乔木
岗柃	*Eurya groffii*	3	3.49	6.98	1.77	4.08	灌木或小乔木
木荷	*Schima superba*	2	2.33	4.65	1.96	2.98	大乔木

续表

物种	拉丁名	株数	相对多度/%	相对频度/%	相对显著度/%	重要值	生活型
黑柃	*Eurya macartneyi*	3	3.49	2.33	2.29	2.70	灌木或小乔木
马蹄荷	*Exbucklandia populnea*	1	1.16	2.33	4.30	2.60	乔木
漆树	*Toxicodendron vernicifluum*	2	2.33	2.33	2.24	2.30	落叶乔木
南国山矾	*Symplocos austrosinensis*	1	1.16	2.33	1.83	1.77	灌木或乔木
矩叶鼠刺	*Itea oblonga*	1	1.16	2.33	1.63	1.71	灌木或小乔木
罗浮锥	*Castanopsis faberi*	1	1.16	2.33	1.04	1.51	常绿乔木
木姜子	*Litsea pungens*	1	1.16	2.33	0.36	1.28	落叶灌木或小乔木
滑皮柯	*Lithocarpus skanianus*	1	1.16	2.33	0.22	1.24	乔木
川杨桐	*Adinandra bockiana*	1	1.16	2.33	0.22	1.24	灌木

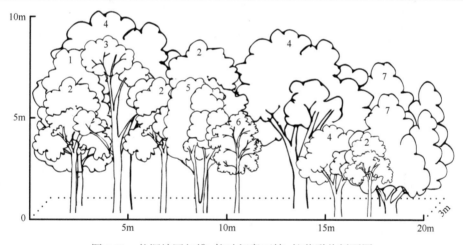

图 3.83　仙洞地区红锥+柳叶闽粤石楠+杜英群丛剖面图

1. 杜英 *Elaeocarpus decipiens*；2. 柳叶闽粤石楠 *Photinia benthamiana* var. *salicifolia*；3. 山乌桕 *Sapium discolor*；
4. 红锥 *Castanopsis hystrix*; 5. 锥 *Castanopsis chinensis*; 6. 黄丹木姜子 *Litsea elongata*; 7. 罗浮锥 *Castanopsis faberi*

冠波浪起伏，生长稀疏，层盖度仅约为 20%。其中红锥优势最为明显，其重要值达 26.49，其次是柳叶闽粤石楠，重要值 13.60，以及杜英 10.31（图 3.83～图 3.85）。

灌木层高 1.5～4m，类型单一，主要优势种为优势乔木的幼苗，如柳叶闽粤石楠、红锥等，以及黑柃、山乌桕等，生长较为密集，层盖度为 80%。林下草本较为稀疏，层盖度仅为 3%，层高约 0.3m，物种类群较为单一，以蕨类植物为主。其中主要的蕨类物种为狗脊、铁角蕨（*Asplenium trichomanes*）和深绿卷柏等，一般草本有莎草，攀缘植物有菝葜，藤本植物有鸡矢藤等，其他的物种还有苦竹，并且数量较多，在林下散生（图 3.86）。

图 3.84　仙洞地区红锥+柳叶闽粤石楠+杜英群丛林冠层

图 3.85　仙洞地区红锥+柳叶闽粤石楠+杜英群丛侧面图

图 3.86 仙洞地区红锥+柳叶闽粤石楠+杜英群丛林下草灌层

木荷群系

***Schima superba* Formation**

木荷+厚壳桂群丛

***Schima superba+Cryptocarya chinensis* Association**

木荷（*Schima superba*）属山茶科（Theaceae）木荷属（*Schima*）被子植物，常绿大乔木，嫩枝通常无毛，叶革质或薄革质，椭圆形，花生于枝顶叶腋，常多朵排成总状花序，产蒴果。在亚热带常绿林里是建群种，在荒山灌丛是耐火的先锋树种，在浙江、福建、台湾、江西、湖南、广东、海南、广西、贵州等地均有分布（中国科学院中国植物志编辑委员会，1998）。

厚壳桂（*Cryptocarya chinensis*）是樟科（Lauraceae）厚壳桂属（*Cryptocarya*）被子植物，常绿乔木，树皮暗灰色，粗糙。老枝粗壮，多少具棱角，淡褐色，疏布皮孔；小枝圆柱形，具纵向细条纹，初时被灰棕色小绒毛，后毛被逐渐脱落。叶互生或对生，长椭圆形，圆锥花序腋生及顶生，花淡黄色，果球形或扁球形。产于四川、广西、广东、福建及台湾。生于山谷荫蔽的常绿阔叶林中，海拔 300～1100m（中国科学院中国植物志编辑委员会，1982）。

该群丛位于天井山天群地区的山坡上，代表样地海拔542m，坡向为东，坡度为35°。群丛土壤为红棕壤，群丛腐殖质层较薄，凋落物层较厚。群丛外貌为深绿色，结构较为简单，层次区分不明显，物种稀少，分布稀疏（图3.87）。在600 m²样地范围内株高在1.5m以上的立木有27种，共176棵（表3.19）。林冠波浪起伏，层高较高，生长稀疏，冠层盖度为30%。分为3层，第一层高17～20m，优势种为木荷；第二层高11～17m，优势种仍是木荷；第三层高5～10m，优势种为木荷与厚壳桂。群落主要是由木荷和厚壳桂为优势种组成，其中木荷的优势非常明显，株数约占立木总数的1/4，在10m以上的大型乔木中木荷也占有约50%的数量，其重要值为26.70。木荷在整个冠层都广泛分布，并且数量较多，厚壳桂主要分布在冠层的下层（图3.88～图3.90）。

图3.87　天群地区山坡上木荷+厚壳桂群丛外貌

表3.19　天群地区山坡上木荷+厚壳桂群丛600m²样地立木表

物种	拉丁名	株数	相对多度/%	相对频度/%	相对显著度/%	重要值	生活型
木荷	*Schima superba*	63	36.00	11.54	32.55	26.70	大乔木
厚壳桂	*Cryptocarya chinensis*	36	20.57	11.54	7.29	13.13	乔木
黧蒴锥	*Castanopsis fissa*	5	2.86	5.77	11.75	6.79	常绿乔木
山乌桕	*Sapium discolor*	5	2.86	7.69	9.09	6.55	乔木或灌木
黑柃	*Eurya macartneyi*	8	4.57	7.69	2.02	4.76	灌木或小乔木
华润楠	*Machilus chinensis*	11	6.29	5.77	1.56	4.54	乔木
岗柃	*Eurya groffii*	7	4.00	7.69	0.65	4.11	灌木或小乔木

续表

物种	拉丁名	株数	相对多度/%	相对频度/%	相对显著度/%	重要值	生活型
润楠	*Machilus pingii*	7	4.00	3.85	1.67	3.17	乔木
红锥	*Castanopsis hystrix*	2	1.14	3.85	4.50	3.16	乔木
罗浮锥	*Castanopsis faberi*	3	1.71	3.84	11.15	5.57	小乔木
山樱花	*Cerasus serrulata*	3	1.71	3.85	1.81	2.46	落叶乔木
木姜润楠	*Machilus litseifolia*	3	1.71	1.92	3.45	2.36	乔木
刨花润楠	*Machilus pauhoi*	4	2.29	3.85	0.61	2.25	常绿大乔木
乌桕	*Sapium sebiferum*	1	0.57	1.92	3.82	2.10	乔木
南酸枣	*Choerospondias axillaris*	1	0.57	1.92	3.36	1.95	南酸枣
杜英	*Elaeocarpus decipiens*	3	1.71	1.92	2.00	1.88	常绿乔木
毛锥	*Castanopsis fordii*	3	1.71	1.92	0.83	1.49	乔木
轮叶木姜子	*Litsea verticillata*	3	1.71	1.92	0.18	1.27	常绿灌木或小乔木
幌伞枫	*Heteropanax fragrans*	1	0.57	1.92	0.74	1.08	常绿乔木
大叶冬青	*Ilex latifolia*	2	1.14	1.92	0.06	1.04	常绿乔木
毛大叶臭花椒	*Zanthoxylum myriacanthum*	1	0.57	1.92	0.62	1.04	乔木
广东润楠	*Machilus kwangtungensis*	1	0.57	1.92	0.13	0.87	乔木
香楠	*Aidia canthioides*	1	0.57	1.92	0.06	0.85	乔木
红淡比	*Cleyera japonica*	1	0.57	1.92	0.05	0.85	灌木或小乔木

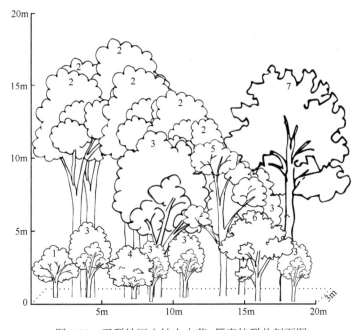

图 3.88 天群地区山坡上木荷+厚壳桂群丛剖面图

1. 大叶冬青 *Ilex latifolia*；2. 木荷 *Schima superba*；3. 华润楠 *Machilus chinensis*；4. 岗柃 *Eurya groffii*；
5. 山乌桕 *Sapium discolor*；6. 红淡比 *Cleyera japonica*；7. 厚壳桂 *Cryptocarya chinensis*

图 3.89　天群地区山坡上木荷+厚壳桂群丛侧面图-1

图 3.90　天群地区山坡上木荷+厚壳桂群丛侧面图-2

灌木层高 2～5m，生长非常稀疏，层盖度仅有 10%，物种较少，优势种主要是乔木层中厚壳桂的幼苗，以及岗桠、黑桠、轮叶木姜子（*Litsea verticillata*）等灌木。林下草本层的物种也很少，生长稀疏，层盖度为 20%，但层高较高，层高约 1.5m。草本层主要优势种为大型蕨类，如金毛狗、乌毛蕨等，其中金毛狗的盖度将近 10%，占草本层近一半的盖度；其他数量较多的物种还有亚灌木的野牡丹、大型草本莎草及藜（*Chenopodium album*）等（图 3.91）。

图 3.91　天群地区山坡上木荷+厚壳桂群丛林下草灌层

二、竹林

苦竹群系

Pleioblastus amarus Formation

苦竹群丛

Pleioblastus amarus Association

苦竹（*Pleioblastus amarus*）属禾本科（Gramineae）大明竹属（*Pleioblastus*）被子植物，竿高 3～5m，粗 1.5～2cm，直立，箨鞘草质，绿色，箨舌截形，高 1～2mm，淡绿色，箨片狭长披针形，开展，易向内卷折，腹面无毛。末级小枝具

3 或 4 叶，叶鞘无毛，呈干草黄色，具细纵肋，无叶耳和箨口繸毛，叶舌紫红色；叶片椭圆状披针形，长 4～20cm，宽 1.2～2.9cm。总状花序或圆锥花序，具 3～6 小穗，小穗柄被微毛，小穗含 8～13 朵小花，长 4～7cm，小穗轴一侧扁平，第一颖可为鳞片状，第二颖较第一颖宽大，第三、第四、第五颖通常与外稃相似而稍小；外稃卵状披针形，内稃通常长于外稃，鳞被卵形或倒卵形，子房狭窄无毛，上部略呈三棱形；花柱短，柱头羽毛状。笋期 6 月，花期 4～5 月。主产于江苏、安徽、浙江、福建、湖南、湖北、四川、贵州、云南等省（中国科学院中国植物志编辑委员会，1996）。

竹林纯林主要分布在铜锣坪水系的林地，代表样地海拔 1648m，坡度 20°，坡向南，形成原因是 20 世纪六七十年代林场大规模砍伐天然林之后没有更新造林，在裸露林地上苦竹作为先锋物种占据了优势地位。经过几十年的演替，虽然大多数林地都形成了以常绿阔叶树种为主的天然次生林，但山顶、山脊等立地条件较差的地方仍然是以苦竹为优势种，如不进行人工干扰，苦竹仍将长期占据优势地位（图 3.92，图 3.93）。因为竹子通常形成纯林，我们随机调查了元洞地区与仙洞地区各一个 10m×10m 样方，其中共 138 株竹子，高度在 4～9m，层盖度为40%（表 3.20）。胸径都在 10cm 以下，大部分胸径小于 5cm。

三、山顶常绿阔叶矮曲林

山顶常绿阔叶矮曲林是隶属于常绿阔叶林植被型的一个植被亚型。我国亚热带山地常绿阔叶林随着海拔的上升，山风强烈与气温低等特殊生境形成了山顶常绿阔叶矮曲林这一植被亚型。天井山分布着假地枫皮群系的两种群丛。

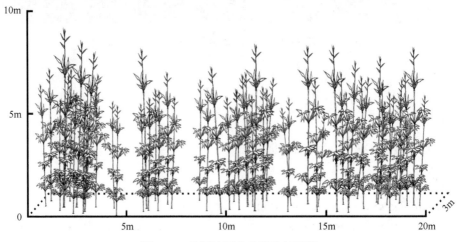

图 3.92　仙洞地区苦竹群丛剖面图

苦竹 *Pleioblastus amarus*

图 3.93　铜锣坪水系竹林

表 3.20　元洞与仙洞地区苦竹群丛 200m² 样地立木表

物种	拉丁名	株数	相对多度/%	相对频度/%	相对显著度/%	重要值	生活型
苦竹	*Pleioblastus amarus*	138	100	100	100	100	乔木

假地枫皮群系

***Illicium jiadifengpi* Formation**

假地枫皮+云锦杜鹃+美丽新木姜子群丛

***Illicium jiadifengpi+Rhododendron fortunei+Neolitsea pulchella* Association**

假地枫皮（*Illicium jiadifengpi*）属木兰科（Magnoliaceae）八角属（*Illicium*）被子植物，常绿乔木，高 8～20m，树皮褐黑色，剥下为板块状，非卷筒状，花白色或带浅黄色，产于广西东北部、广东北部（乳源、阳山）、湖南南部（宜章）、江西（遂川、上犹、安福）等地，生于海拔 1000～1950m 的山顶、山腰的密林、疏林中，有时成片分布（中国科学院中国植物志编辑委员会，1996）。

美丽新木姜子（*Neolitsea pulchella*）属樟科（Lauraceae）新木姜子属（*Neolitsea*）被子植物，常绿小乔木，高 6～8m，树皮灰色或灰褐色，叶互生或聚生于枝端呈轮生状，椭圆形或长圆状椭圆形，花被裂片 4，椭圆形，果球形，产于广东、广西（宁明公母山）、福建（南靖）。生于混交林中或山谷中（中国科学院中国植物志编辑委员会，1982）。

该群丛位于天井山差转台地区，代表样地海拔 1648m，坡度 5°，坡向西，群丛土壤为黄壤，群丛腐殖质层厚，凋落物层较厚。群丛外观为深绿色，物种较少，生长稀疏（图 3.94）。在 600 m^2 样地内株高 1.5m 以上的立木仅 10 种，共 94 棵；乔灌草层次结构明显（表 3.21）。群丛林冠呈锯齿形，由于群丛所处海拔较高，冠层层高 6～8m，生长稀疏，层盖度仅为 30%，主要优势种是假地枫皮和美丽新木姜子，以及分布在较高海拔的壳斗科植物硬壳柯（*Lithocarpus hancei*）（图 3.95～图 3.97）。灌木层高层高 3～6m，物种较少，生长较稀疏，层盖度为 40%。优势种为云锦杜鹃，以及少量的粗毛杨桐（*Adinandra hirta*）、变叶树参（*Dendropanax proteus*）；还有部分硬壳柯和美丽新木姜子的幼苗。林下草本层高约 0.1m，物种也同样稀少，层盖度仅 5%，其中主要物种为莎草，鲜见狗脊。还有较多的金竹散生于林下，分布较为均匀（图 3.98）。

图 3.94　差转台地区假地枫皮+云锦杜鹃+美丽新木姜子群丛外貌

表 3.21　差转台地区假地枫皮+云锦杜鹃+美丽新木姜子群丛 600 m^2 样地立木表

物种	拉丁名	株数	相对多度/%	相对频度/%	相对显著度/%	重要值	生活型
假地枫皮	*Illicium jiadifengpi*	12	12.77	13.33	27.15	17.75	乔木
云锦杜鹃	*Rhododendron fortunei*	22	23.40	13.33	14.70	17.15	常绿灌木或小乔木
美丽新木姜子	*Neolitsea pulchella*	10	10.64	13.33	21.46	15.14	小乔木
硬壳柯	*Lithocarpus hancei*	9	9.57	13.33	15.41	12.77	乔木
金竹	*Phyllostachys sulphurea*	28	29.79	6.67	1.72	12.72	禾本乔木
粗毛杨桐	*Adinandra hirta*	6	6.38	13.33	4.69	8.14	灌木或乔木
锥	*Castanopsis chinensis*	2	2.13	6.67	9.52	6.10	乔木
山矾	*Symplocos sumuntia*	2	2.13	6.67	2.52	3.77	乔木
变叶树参	*Dendropanax proteus*	2	2.13	6.67	1.05	3.28	直立灌木
山楂	*Crataegus pinnatifida*	1	1.06	6.67	1.78	3.17	落叶小乔木

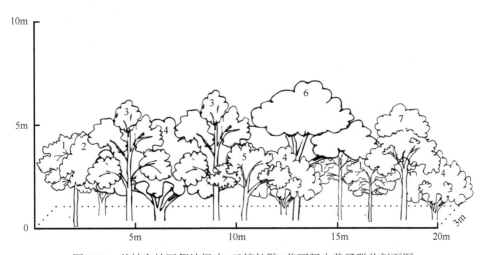

图 3.95　差转台地区假地枫皮+云锦杜鹃+美丽新木姜子群丛剖面图

1. 山矾 *Symplocos sumuntia*；2. 假地枫皮 *Illicium jiadifengpi*；3. 粗毛杨桐 *Adinandra hirta*；4. 云锦杜鹃 *Rhododendron fortunei*；5. 山楂 *Crataegus pinnatifida*；6. 硬壳柯 *Lithocarpus hancei*；7. 美丽新木姜子 *Neolitsea pulchella*

图 3.96　差转台地区假地枫皮+云锦杜鹃+美丽新木姜子群丛林冠层外貌

图 3.97　差转台地区假地枫皮+云锦杜鹃+美丽新木姜子群丛侧面图

图 3.98　差转台地区假地枫皮+云锦杜鹃+美丽新木姜子群丛林下草灌层

假地枫皮+硬壳柯群丛

***Illicium jiadifengpi+Lithocarpus hancei* Association**

硬壳柯（*Lithocarpus hancei*）属壳斗科（Fagaceae）柯属（*Lithocarpus*）被子植物，常绿乔木，树皮暗灰或褐灰色，不规则纵向浅裂，叶型长宽变异较大，雄穗状花序通常多穗排成圆锥花序，坚果扁圆形，产于秦岭南坡以南各地；该属植物是热带、亚热带常绿阔叶林和山地针叶阔叶常绿林中的主要上层树种，有时与壳斗科其他属植物混生，在垂直分布上该属植物常处于海拔较高的山地上（中国科学院中国植物志编辑委员会，1998）。

该群丛同样位于天井山差转台地区，代表样地海拔 1513m，坡度 20°，坡向东。群丛土壤为黄壤，腐殖质层和凋落物层都很厚。群丛外观为翠绿色，类型单一，物种较少，生长较稀疏（图 3.99）。在 600 m² 样地范围内株高 1.5m 以上的立木有 16 种，共 109 棵（表 3.22）。林冠整齐，且随地形波浪起伏，物种生长稀疏，层盖度仅 50%，冠层分为 2 层，第一层高为 10～15m，优势种为假地枫皮；第二层高为 5～10m，优势种为假地枫皮和硬壳柯，其中假地枫皮的优势明显，占冠层物种数量的比例超过 60%，其重要值达 43.04，是群落中的寡优种（图 3.100～图 3.102）。

图 3.99 差转台地区假地枫皮+硬壳柯群丛外貌

表 3.22　差转台地区假地枫皮+硬壳柯群丛 600 m² 样地立木表

物种	拉丁名	株数	相对多度/%	相对频度/%	相对显著度/%	重要值	生活型
假地枫皮	*Illicium jiadifengpi*	61	55.96	56.48	16.67	43.04	乔木
硬壳柯	*Lithocarpus hancei*	9	8.26	8.33	13.89	10.16	乔木
粗毛杨桐	*Adinandra hirta*	8	7.34	7.41	11.11	8.62	灌木或乔木
赤杨叶	*Alniphyllum fortunei*	5	4.59	4.63	11.11	6.78	乔木
石笔木	*Tutcheria championi*	3	2.75	2.78	8.33	4.62	常绿乔木
山橿	*Lindera reflexa*	5	4.59	4.63	5.56	4.93	落叶灌木
假苹婆	*Sterculia lanceolata*	3	2.75	2.78	2.78	2.77	乔木
浙江润楠	*Machilus chekiangensis*	2	1.83	1.85	5.56	3.08	常绿乔木
莽山红山茶	*Camellia mongshanica*	2	1.83	1.85	5.56	3.08	乔木
茵芋	*Skimmia reevesiana*	2	1.83	1.85	5.56	3.08	灌木
尖叶毛柃	*Eurya acuminatissima*	2	1.83	1.85	2.78	2.15	灌木至小乔木
广东毛蕊茶	*Camellia melliana*	2	1.83	1.85	2.78	2.15	灌木
变叶树参	*Dendropanax proteus*	2	1.83	1.85	2.78	2.15	灌木
山茶	*Camellia japonica*	1	0.92	0.93	2.78	1.54	灌木或小乔木
乳源木莲	*Manglietia yuyuanensis*	1	0.92	0.93	2.78	1.54	灌木或小乔木

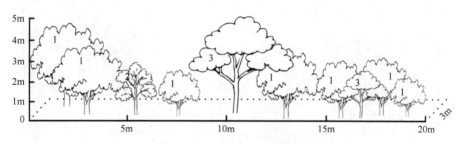

图 3.100　差转台地区假地枫皮+硬壳柯群丛剖面图
1. 假地枫皮 *Illicium jiadifengpi*；2. 粗毛杨桐 *Adinandra hirta*；3. 硬壳柯 *Lithocarpus hancei*

　　灌木层高为 1.5～4m，物种生长稀疏，层盖度为 15%，主要优势种也是假地枫皮，还有山橿（*Lindera reflexa*）、硬壳柯、广东毛蕊茶、变叶树参等。林下草本层高为 0.3m，物种生长非常稀疏，层盖度仅有 10%，主要物种有米碎花（*Eurya chinensis*）、莽山红山茶（*Camellia mongshanica*）、龙山杜鹃（*Rhododendron chunii*）和茵芋（*Skimmia reevesiana*）等灌木的幼苗，一般的草本有黑莎草，以及少量的蕨类植物狗脊等（图 3.103）。

图 3.101 差转台地区假地枫皮+硬壳柯群丛林冠层

图 3.102 差转台地区假地枫皮+硬壳柯群丛侧面图

图 3.103　差转台地区假地枫皮+硬壳柯群丛林下草灌层

第三节　其他植被型

　　天井山还零散分布着极少量灌丛，主要分布在乳源县与阳山县交界的高海拔山地，呈带状分布，平均海拔在 1200m 以上，土壤类型为山地草甸土，土层浅薄，砾石含量多，土壤涵水能力弱，灌丛主要有杜鹃花科及黄牛奶树、乌饭树和矮化的乔木树种（如壳斗科的青冈、硬壳柯、华南栲等），平均高度为 1～2m（图 3.104）。

图 3.104　山顶灌丛

第四章　天井山植被的数量分类与群落动态

第一节　天井山植被的聚类分析

聚类分析（cluster analysis）是研究"物以类聚"的一种方法，它是多元统计分析技术引入分类学后在近期发展起来的一个数值分类的新分支，适用于失误类别的面貌不清楚，甚至连共有几类事前都不能确定的情况下要进行分类的问题，它所依据的基本原则是直接比较样本中各事物之间的性质，将特性相近的分在同一类，将性质相异的分在不同的一类（张金屯，2011）。对植物生态学调查的数据进行分类，可以简化大量的原始数据，还可能从中揭示出一些有生态意义的规律。

系统聚类的方法就是先将各个群落各自为一类，计算它们之间的距离。选择距离最小的两个群落聚合为一新类，计算新类与其他群落的距离，再选择距离最小的两个群落或新类聚合为一个新类，依此类推，每次聚合就合并缩小一个类，直到所有群落都聚合成为一个类为止，因此，系统聚类方法也就是逐步归类法（王伯荪和彭少麟，1985）。

聚合过程如下所述

1. 计算实体间的相似矩阵 C_N

首先对 N 个样方，需要计算两两之间的相似系数，并列出 $N \times N$ 的相似系数矩阵。常采用两个样方间的距离系数，如欧式距离。

2. 找出最相似的两个样方进行一次合并

从矩阵 C_N 的元素中找出相似性指标的最大值或相异性指标的最小值，将它们合并为一组。

3. 重新计算 $(N-1) \times (N-1)$ 的相似矩阵

对 $(N-1)$ 个样方组，再计算两两之间的相似系数，并列出 $(N-1) \times (N-1)$ 的相似矩阵 C'_{N-1}。

若 A 与 B 合并为新组 A+B，对与任一别的样方组 C 需要计算它与新组 A+B 的距离 D_{CA+B}，Lance 和 Williams 建立了一个线性计算公式：

$$D_{CA+B} = \alpha_A D_{CA} + \alpha_B D_{CB} + \beta D_{AB} + \gamma \left| D_{CA} - D_{CB} \right| \qquad (4.1)$$

式中，D_{CA+B} 为样方组 A+B 和样方 C 间的距离；D_{AB}、D_{CA} 和 D_{CB} 分布为样方 A 和 B、C 和 A 及 C 和 B 之间的距离系数；其他为常数。

4. 重复合并过程直到全部样方合并成一组

对于 C'，又可以选出两个最相似的样方组，将其合并后，就变成 $N-2$ 个样方组了。重复这一聚类过程，每次使样方组数少 1，总共进行 $N-1$ 次合并后，就将原有 N 个样方聚合成一个组。

考虑到天井山的自然地理条件，我们还将其中 21 个群丛，分为水平分布与垂直分布这两组进行聚类分析，其中水平方向上分析中含有 15 个群丛（群丛编号分别为 1、2、3、4、5、6、7、8、9、10、11、12、18、19、21），垂直方向分析中含有 13 个群丛（群丛编号分别为 6、7、8、9、10、11、12、13、14、15、16、17、20）。群丛名称与编号详见表 4.1。

表 4.1　群丛名称与其编号

编号	群丛名称
1	马尾松+杉木群丛
2	杉木幼林群丛
3	杉木成熟林群丛
4	福建柏群丛
5	柳杉+枫香树+乐昌含笑群丛
6	栲+华润楠+红锥群丛
7	华润楠+厚叶冬青+岭南槭群丛
8	秀丽锥+鹅掌楸+毛桃木莲群丛
9	黄果厚壳桂+栲群丛
10	樟+八角枫+马尾松群丛
11	红锥+柳叶闽粤石楠+杜英群丛
12	木荷+厚壳桂群丛
13	假地枫皮+云锦杜鹃+美丽新木姜子群丛
14	假地枫皮+硬壳柯群丛
15	华润楠+红锥群丛
16	柳杉+马尾松群丛
17	杉木+臭椿群丛
18	杉木+峨眉含笑群丛
19	杉木+深山含笑群丛
20	杉木+红锥群丛
21	马尾松+木荷+华润楠群丛

利用 SPSS 软件，对表 4.1 中的 21 个群丛进行数据分析，得出如下几种聚类分析结果。

一、天井山自然植被的组平均法聚类分析

组平均（group-average）法又称为平均联结（averagelinking），其特点是既是单调的又是空间保持的，是较理想的聚合方法，也是应用较为广泛的聚类分析方法（阳含熙和卢泽愚，1981）。

新类群与其他群丛间的距离公式为

$$D_{CA+B} = \frac{n_A}{n_{A+B}} D_{CA} + \frac{n_B}{n_{A+B}} D_{CB} \qquad （4.2）$$

运用组平均法进行聚类分析所得结果，水平分布如图 4.1 所示，垂直分布如图 4.2 所示，总体如图 4.3 所示。

运用组间联接法，在类间距为 10 时，15 个水平分布的群丛可以聚合分为 3 个类群。

类群 1：含有群丛 2、3、18、19，这些群丛的主要优势种都是杉木，可以将这一类群统称为杉木群系。

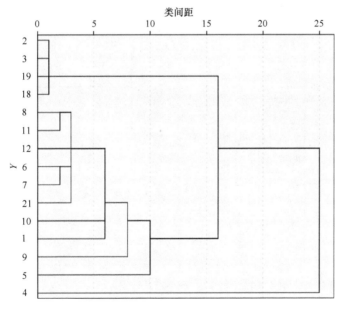

图 4.1 天井山地区水平分布的 15 个森林群丛依组间联接法的聚类树形图

Y. 群丛编号

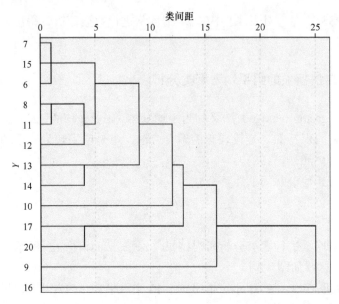

图 4.2　天井山地区垂直分布的 13 个森林群丛依组间联接法的聚类树形图

Y. 群丛编号

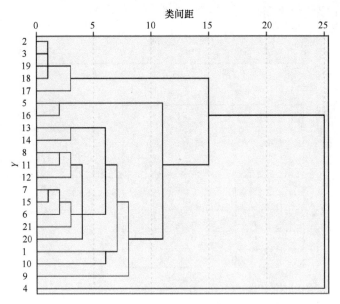

图 4.3　天井山地区全部 21 个森林群丛依组间联接法的聚类树形图

Y. 群丛编号

　　类群 2：这是个比较复杂的类群，含有群丛 1、5、6、7、8、9、10、11、12、21 共 10 个群丛。当中的 1、21 群丛是以马尾松为优势种，可以称为马尾松群系，其他的群丛主要优势种都不相同，其中群丛 5 的主要优势种为针叶树种柳杉，而剩余其他群丛的优势物种都为阔叶树种。

类群 3：这个类群只有一个群丛，就是群丛 4，优势物种为福建柏。

运用组间连接法，在类间距为 10 时，13 个垂直分布的群丛可以聚合分为 5 个类群。

类群 1：含有群丛 6、7、8、11、12、13、14、15 共 8 个群丛，这些群丛内的主要物种都为常绿阔叶树种，可以进一步划分为几个小类群。其中，群丛 6、7、15 都以华润楠为优势种，可以统称为华润楠群系；群丛 13、14 都是以假地枫皮为优势种，可以统称为假地枫皮群系。

类群 2：含有群丛 17 和 20 两个群丛，它们的群丛优势种都是杉木，可以统称为杉木群系。

其他的 3 个类群均只有 1 个群丛。

运用组间连接法，在类间距为 10 时，天井山 21 个群丛可以聚合分为 4 个类群。

类群 1：含有群丛 2、3、17、18、19 共 5 个群丛，这些群丛的主要优势种都为杉木，可以将它们统称为杉木群系。

类群 2：含有群丛 5 和 16 两个群丛，它们都是以柳杉作为优势种，因此可称为柳杉群系。

类群 3：这是一个比较复杂的类群，聚合得很不自然，含有群丛 6、7、8、9、10、11、12、13、14、15、20、21 共 12 个群丛，可以进一步划分为几个不同的类群。其中，群丛 13、14 都是以假地枫皮为优势种，可以统称为假地枫皮群系；群丛 7、15 都是以华润楠为优势种，可以统称为华润楠群系；这 2 个都是比较自然合理的类群。

类群 4：这个类群只有群丛 4，优势物种为福建柏。

二、天井山自然植被最近邻体法聚类分析

最近邻体（nearest-neighbour）法最先是由 Florek 等（1951）和 Sneath（1957）引入的，成为单一连接（singlelinking）法。它本来的聚合策略是，一样方与另一样方组间的距离定义为该样方与组中相距最近样方之间的距离；同样，两样方组间的距离定义为两组各出一个样方，批次相距最近者的距离。因此，又称为在植物生态学中常用的名称最近邻体法（阳含熙和卢泽愚，1981）。

这种聚合策略的定义，等价于模型（4.1）的特殊形式：

$$D_{CA+B} = \frac{1}{2}D_{CA} + \frac{1}{2}D_{CB} - \frac{1}{2}|D_{CA} - D_{CB}| \qquad (4.3)$$

运用最近邻体法进行聚类分析所得结果如图 4.4、图 4.5 和图 4.6 所示。

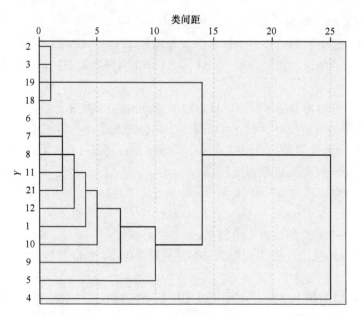

图 4.4　天井山地区水平分布的 15 个森林群丛依最近邻体法的聚类树形图

Y. 群丛编号

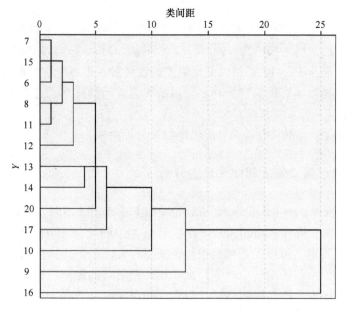

图 4.5　天井山地区垂直分布的 13 个森林群丛依最近邻体法的聚类树形图

Y. 群丛编号

　　运用最近邻体法,在类间距为 10 时,水平分布群丛的聚类分析划分类群的结果与组间连接法一致,仅在聚合的类间距上稍有差别。

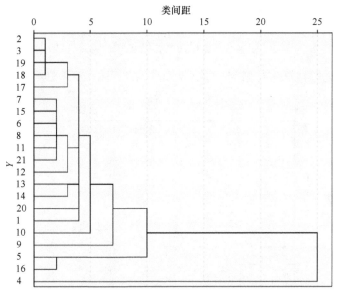

图 4.6　天井山地区全部 21 个森林群丛依最近邻体法的聚类树形图

Y. 群丛编号

运用最近邻体法，在类间距为 10 时，垂直分布的 13 个群丛可聚合为 3 个类群。

类群 1：这个类群含有 6、7、8、10、11、12、13、14、15、17、20 共 11 个类群，当中还可以进一步划分为几个不同的类群。其中，群丛 7、15 都以华润楠为优势种，可以统称为华润楠群系；群丛 13、14 都是以假地枫皮为优势种，可以统称为假地枫皮群系。

其他 2 个类群都只有一个群丛。

运用最近邻体法，在类间距为 10 时，全部 21 个群丛可以划分为 2 个类群。

类群 1：含有除了群丛 4 之外的其他 20 个群丛，是个非常不自然的类群，可以进一步划分为几个小的类群。其中，群丛 2、3、17、18、19 都以杉木为优势种，可以统称为杉木群系；群丛 5、16 都以柳杉为优势种，可以统称为柳杉群系；群丛 13、14 都以假地枫皮为优势种，可以统称为假地枫皮群系。这 3 个小类群划分得还是比较合理的。

类群 2：这个类群只有群丛 4，优势物种为福建柏。

三、天井山自然植被最远邻体法聚类分析

最远邻体（furthest-neighbour）法与最近邻体法的聚合策略相反，一样方与另一样方组间的距离定义为该样方与组中相距最远样方之间的距离，同样，两样方组间的距离定义为两组间的成对样方相距最远者的距离，所以称为最远邻体法，也称为完全连接（completelinking）法。

最远邻体法的聚合策略，等价于（4.1）模型的特殊形式：

$$D_{CA+B} = \frac{1}{2}D_{CA} + \frac{1}{2}D_{CB} + \frac{1}{2}\left|D_{CA} - D_{CB}\right| \qquad (4.4)$$

运用最远邻体法进行聚类所得结果如图 4.7、图 4.8 和图 4.9 所示。

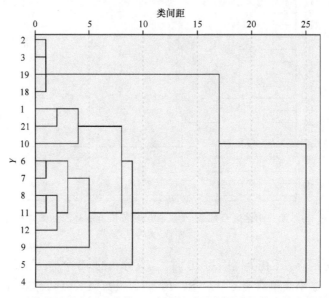

图 4.7　天井山地区水平分布的 15 个森林群丛依最远邻体法的聚类树形图

Y. 群丛编号

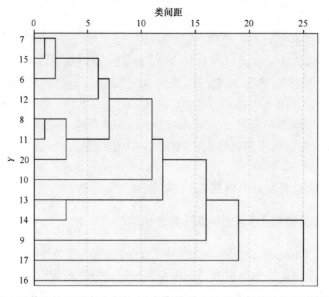

图 4.8　天井山地区垂直分布的 13 个森林群丛依最远邻体法的聚类树形图

Y. 群丛编号

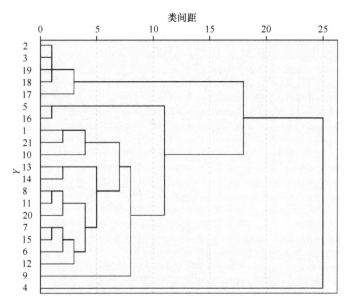

图 4.9 天井山地区全部 21 个森林群丛依最远邻体法的聚类树形图

Y. 群丛编号

运用最远邻体法，在类间距为 10 时，水平分布的 15 个群丛的聚类分析划分类群的结果与前两种方法一致，仅在聚合的类间距上稍有差别。

运用最远邻体法，在类间距为 10 时，垂直分布的 13 个群丛可以划分为 6 个类群。

类群 1：含有群丛 6、7、8、11、12、15、20 共 7 个群丛，类群的成分比较复杂，聚合得并不自然。其中，群丛 7、15 的优势种均为华润楠，它们可以统称为华润楠群系，仅有这一个可以进一步划分的小类群。

类群 2：含有群丛 13、14，都是以假地枫皮为优势种，可以统称为假地枫皮群系。

其他的 4 个类群都仅有一种群丛。

运用最远邻体法，在类间距为 10 时，天井山地区的全部 21 个群丛的聚类分析划分类群的结果与组间连接法一致，仅在聚合的类间距上稍有差别。

四、天井山自然植被中线法聚类分析

中线（median）法取的是 AB 连线中点间的距离作为距离系数，等价于模型（4.1）的特殊形式（阳含熙和卢泽愚，1981）：

$$D_{CA+B} = \frac{1}{2}D_{CA} + \frac{1}{2}D_{CB} - \frac{1}{4}D_{AB} \qquad (4.5)$$

运用中线法进行聚类所得结果如图 4.10、图 4.11 和图 4.12 所示。

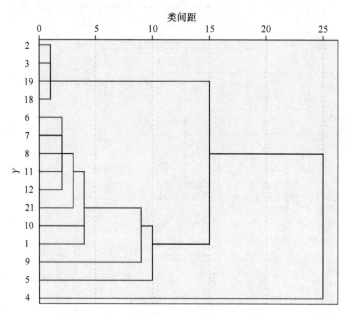

图 4.10　天井山地区水平分布的 15 个森林群丛依中线法的聚类树形图
Y. 群丛编号

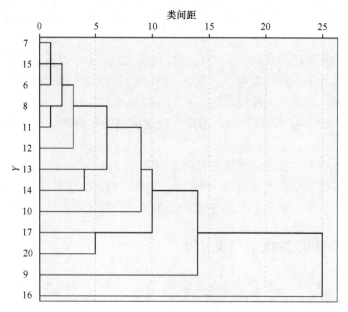

图 4.11　天井山地区垂直分布的 13 个森林群丛依中线法的聚类树形图
Y. 群丛编号

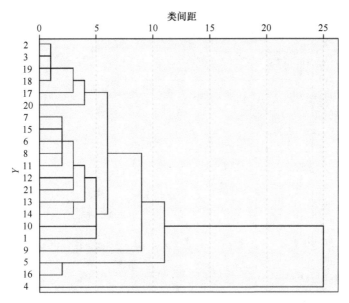

图 4.12　天井山地区全部 21 个森林群丛依中线法的聚类树形图

Y. 群丛编号

运用中线法，在类间距为 10 时，水平分布的 15 个群丛的聚类分析划分类群的结果与前三种方法一致，仅在聚合的类间距上稍有差别。

运用中线法，在类间距为 10 时，垂直分布的 13 个群丛的聚类分析划分类群的结果与最近邻体法的结果一致，仅在聚合的类间距上稍有差别。

运用中线法，在类间距为 10 时，天井山地区的 21 个群丛可以划分为 3 个类群。

类群 1：含有除了群丛 4、5、16 之外的其他 18 个群丛，类群聚合得十分不自然，需要进一步划分小类群。例如，群丛 2、3、17、18、19、20 都是以杉木作为群丛优势种，因此可统称为杉木群系；而群丛 13、14 都是以假地枫皮为优势种，可以统称为假地枫皮群系。

类群 2：含有群丛 5、16 共 2 个类群，均是以柳杉为优势种，因此可统称为柳杉群系。

类群 3：仅有一种群丛 4，优势种为福建柏。

五、天井山自然植被平方和增量法聚类分析

运用该方法进行聚类分析，所得到结果如图 4.13、图 4.14 和图 4.15 所示。

运用平方和增量法，在类间距为 10 时，水平分布的 15 个群丛的聚类分析划分类群的结果与前 4 种方法一致，仅在聚合的类间距上稍有差别。

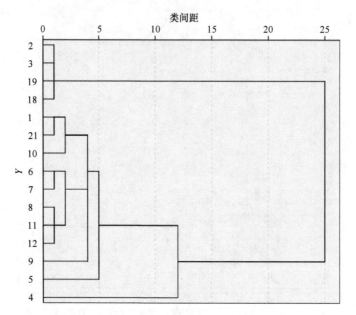

图 4.13　天井山地区水平分布的 15 个森林群丛依平方和增量法的聚类树形图

Y. 群丛编号

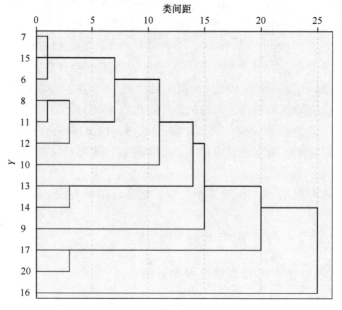

图 4.14　天井山地区分布的 13 个森林群丛依平方和增量法的聚类树形图

Y. 群丛编号

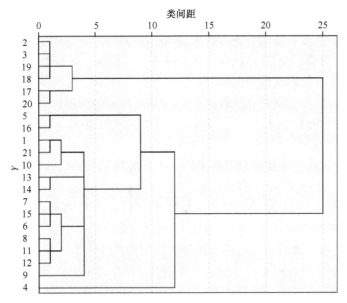

图 4.15　天井山地区全部 21 个森林群丛依平方和增量法的聚类树形图

Y. 群丛编号

运用平方和增量法，在类间距为 10 时，在垂直方向上的 13 个群丛可划分为 6 个类群。

类群 1：含有 6、7、8、11、12、15 共 6 个群丛，当中还可以进一步划分为小类群。例如，群丛 7、15 的群丛优势种都为华润楠，则统称为华润楠群系。

类群 2：含有群丛 13、14，都是以假地枫皮为优势种，可以统称为假地枫皮群系。

类群 3：含有群丛 17、20，都是以杉木为优势种，可以统称为杉木群系。

其他的 3 个类群都仅有一个群丛。

运用平方和增量法，在类间距为 10 时，天井山地区的 21 个群丛的聚类分析划分类群结果与中线法一致，仅在聚合的类间距上稍有差别。

六、天井山自然植被的聚类分析结果

各种聚类方法都有单调性，最近邻体法及平方和增量法在空间上会有一定程度的压缩，而最远邻体法在空间上是一定程度的扩张，而组平均法，即组间联接法在空间上是保持的。尽管利用不同的聚类方法进行数量分类结果有些不同，但从上面各种不同的聚类分析方式得到的结果可以看出，各种聚类方法经常最先聚为一类的是群丛（2、3、18、19）、（13、14）、（7、15）、（5、16）表明它们之间的关系是极为密切的。

最终参考组间联接法对天井山地区的 21 个森林群丛进行类群划分。

包含以杉木为主要优势种的 5 个群丛：2、3、17、18、19，统称为杉木群系。

类群 1：含有群丛 2、3、17、18、19 共 5 个群丛，这些群落的主要优势种都为杉木，可以将它们统称为杉木群系。

包含以柳杉为主要优势种的群丛 5 和 16，统称为柳杉群系。

类群 2：含有群丛 5 和 16 两个群丛，它们都是以柳杉作为优势种，因此可称为柳杉群系。

类群 3：这是一个比较复杂的类群，含有群丛 6、7、8、9、10、11、12、13、14、15、20、21 等共 12 个群丛，可作进一步细分。其中，群丛 13、14 都是以假地枫皮为优势种，可以统称为假地枫皮群系；群丛 7、15 都是以华润楠为优势种，可以统称为华润楠群落。

类群 4：这个类群只有以福建柏为优势物种的群丛 4。

而关于水平分布和垂直分布的聚类划分，根据以上的聚类分析结果，可以看出，我们调查的天井山地区森林群丛中并没有明显的垂直带分布，仅仅体现出水平分布上的差异，有可能是因为天井山地区的海拔还没有达到能够在南亚热带地区形成明显的自然植被垂直分布的高度。因此，可以将全部的 21 个群丛都视为水平分布的群丛。

第二节　天井山陆生植被的排序分析

排序是分析自然植被的一种重要手段，自 20 世纪以来，美国威斯康星学派在大量的实例研究的基础上提出了植被连续性理论，而在这一系列研究植被连续性变化的方法中，以排序技术发展最快。排序是将样方与植物物种排列在一定的空间，使得排序轴能够反映一定的生态梯度，从而能够解释植被或者植物物种的分布与环境的关系（张金屯，1995），应用排序技术，除建立植被的连续型体系外，还用作群落分类的代替方法，作为揭示生态因子对植被影响的辅助方法（彭少麟，1996）。国内从 70 年代末开始了排序的研究，随后 20 年内，排序技术有了很大发展，从极点排序（PO）、主分量分析（PCA）到对应分析（CA/RA）、除趋势对应分析（DCA）、典范对应分析（CCA）及除趋势典范对应分析（DCCA）等，研究精度逐渐提高，对植被与环境关系的分析越来越细。尽管已有的方法能够满足应用的需求，但近几年内，仍有新的或改进的方法被引入植被分析。例如，非度量多维标定法（non-metric multidimensional scaling，NMDS）是近期发展起来的适用于非线性数据结构分析的一种复杂的迭代排序方法。本书主要采用除趋势对应分析（DCA）和非度量多维标定法两种方法对天井山的植被进行排序分析。

一、天井山自然植被的去趋势对应分析

去趋势对应分析（detrended correspondence analysis，DCA）分析是一种单峰型间接排序方法，其基本步骤如下所述。

（1）任意给定样方排序初始值；

$$Z_i\ (i = 1, 2, \cdots, P)$$

初始排序值 Z_i 限定最大值等于 100，最小值为 0。

（2）将样方排序值 Z_i 进行加权平均，求得种类排序新值 y_i；

$$y_i = \frac{\sum_{j=1}^{N} x_{ij} Z_i}{\sum_{j=1}^{N} x_{ij}}$$

（3）求样方排序值新值 Z_j，它等于种类排序值 y_i 的加权平均。

$$Z_j = \frac{\sum_{i=1}^{P} x_{ij} y_i}{\sum_{i=1}^{P} x_{ij}}$$

得到一组样方排序值，并用下式调整，使得 Z_j 的最大值为 100，最小值为 0，这是为了阻止排序坐标值在迭代过程中逐步变小。

（4）对 y_i 进行标准化，方法如下：

a. 计算样方坐标值的形心 V：

$$V = \frac{\sum_{j=1}^{N} C_j Z_j}{\sum_{j=1}^{N} C_j}$$

式中，C_j 为原始数据矩阵列，$C_j = \sum_{i=1}^{P} x_{ij}$。

b. 计算离差：

$$S = \sqrt{\left. \sum_{j=1}^{N} C_j (Z_i - V)^2 \middle/ \sum_{j=1}^{N} C_j \right.}$$

由最后一次迭代结果所求得的 S 实际上等于特征值 λ。

c. 标准化得新值：

$$Z_j^{(a)} = \frac{Z_j - V}{S}$$

$Z_j^{(a)}$ 为标准化后的样方排序值，Z_j 是其未经标准化的值。这一标准化使得样方排序轴和种类排序轴具有相等的特征值 λ（Braak，1986；Hill，1979）。

（5）回到步骤（2），重复迭代，直到两次迭代结果基本一致。

（6）求第二排序轴。同第一轴一样，先进行：①选样方初始值（第二轴）；②计算种类排序值；③计算样方排序新值。然后，要对样方排序值 Z_j 进行正交化，以使其与第一轴正交，正交化的方法用 Braak 和 Gremmen（1987）的方法。如果将样方在第一排序轴上的坐标记为 e_j（$j=1, 2, \cdots, N$），则正交化步骤如下所述。

a. 计算正交化系数 μ：

$$\mu = \frac{\sum_{j=1}^{N} C_j Z_j e_j}{\sum_{j=1}^{N} C_j}$$

b. 正交化：

$$Z_j^b = Z_j - \mu e_j$$

式中，Z_j^b 是正交化后的样方坐标值；Z_j 是其未经正交化的值。

（7）对正交化后的样方排序值再进行以上的步骤（4）——标准化。这里需要注意的是，每一次迭代均要进行正交化，如果要求第三轴，需用第（6）步中的式子和前面每个轴的坐标值分别进行正交化，以此类推，接下来的过程同第一轴。

基于以上步骤计算得到了天井山垂直带植被各样方在前 4 个轴上的排序值（表 4.2）。

表 4.2　天井山垂直带植被各样方在前 4 个轴上的排序值

群落	DCA1	DCA2	DCA3	DCA4
6	−0.46	−1.27	0.30	0.50
7	−0.40	−1.02	0.36	0.10
8	−0.33	−0.50	1.20	−1.57
9	−0.95	−2.06	0.93	0.25
10	−4.32	0.25	−2.25	−1.40
11	−0.71	−0.51	−0.24	0.16
12	−1.00	−1.51	−0.42	−0.12
13	7.43	1.01	−0.98	−0.58
14	7.26	0.18	1.34	0.50
15	−0.32	−0.58	−0.85	1.71
16	−4.76	1.21	1.55	0.96
17	−0.89	3.26	−0.01	−0.23
20	−0.53	1.53	−0.92	−0.26

基于天井山垂直带自然植被 13 个群丛样方在第一轴与第二轴上的排序值，利用 R3.3.3Forwindows 绘制 DCA 排序图，结果如图 4.16 所示。

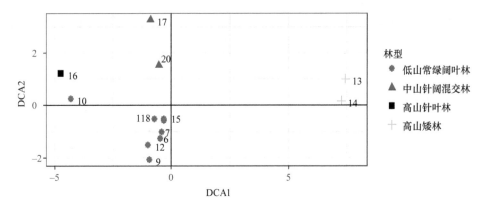

图 4.16 天井山垂直带植被群落的 DCA 分析

从图 4.16 可以看出，DCA 将天井山陆生自然垂直带植被 13 个群丛中性质相近的群落类型排列在一起。第一象限出现的有群丛 13（假地枫皮+云锦杜鹃+美丽新木姜子群丛）和群丛 14（假地枫皮+硬壳柯群丛），为高山矮林。群丛 17（杉木+臭椿群丛）和群丛 20（杉木+红锥群丛）出现在第 2 象限，为中山针阔混交林；群丛 16（柳杉+马尾松群丛）为高山针叶林，也出现在这里；群丛 10（樟+八角枫+马尾松群丛）作为低山常绿阔叶林，也出现在第 2 象限，可能是由于该群丛内樟的重要值较高。出现在第三象限的群落较多，全部都是低山常绿阔叶林（群丛 6、7、8、9、11、12、15）（表 4.3）。

表 4.3 基于以上步骤计算得到的天井山水平带植被各样方在前 4 个轴上的排序值

群落	DCA1	DCA2	DCA3	DCA4
1	−0.07	−1.24	1.14	0.44
2	−0.07	−3.16	0.08	0.05
3	−0.07	−2.81	0.14	0.02
4	1.00	−0.68	0.14	0.06
5	−0.07	5.00	0.22	0.14
6	−0.07	1.36	−1.54	1.21
7	−0.07	1.63	−2.09	0.17
8	−0.07	0.63	−1.52	−1.49
9	−0.07	0.17	−0.04	1.19
10	−0.07	2.03	1.68	1.03
11	−0.07	1.24	−1.39	−1.36
12	−0.07	1.49	1.49	−1.74
18	−0.07	−3.38	0.07	0.03
19	−0.07	−3.26	0.02	−0.03
21	−0.07	0.99	1.56	0.29

基于天井山水平带自然植被 15 个群丛样方在第一轴与第二轴上的排序值，利用 R3.3.3Forwindows 绘制 DCA 排序图，结果如图 4.17 所示。

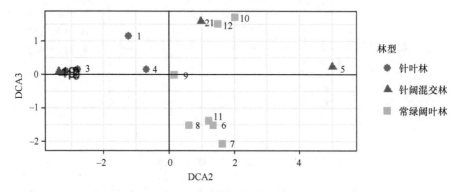

图 4.17　天井山水平带自然植被群落的 DCA 分析

从图 4.17 可以看出，DCA 将天井山陆生自然水平带植被 15 个群丛中性质相近的群落类型排列在一起。第一象限出现的有群丛 5（柳杉+枫香树+乐昌含笑群丛）和群丛 21（马尾松+木荷+华润楠群丛），为针阔混交林；群丛 10（樟+八角枫+马尾松群丛）和群丛 12（木荷+厚壳桂群丛）为常绿阔叶林，也出现在这里。针叶林（群丛 1、2、3、4）全部出现在第 2 象限；另外，群丛 18（杉木+峨眉含笑群丛）、群丛 19（杉木+深山含笑群丛）作为针阔混交林，由于杉木的重要值极高，也出现在这里。出现在第 4 象限的群落较多，全部都是常绿阔叶林（群丛 6、7、8、9、11）。

二、天井山自然植被的非度量多维度分析

非度量多维标度法（nonmatric multidimentional scaling，NMDS）包括一类排序方法，它们原设计的目的是克服以前排序方法中包括 PCA、PCoA 在内的缺点，即线性模型，NMDS 的模型是非线性的，能更好地反映生态学数据的非线性结构，NMDS 并不像其他的一般排序方法要求要从 P（种）×N（样方）的原始数据矩阵，而是直接从样方相异距离矩阵为起点，以相异系数的大小顺序来进行排序，在研究中使用较多的 NMDS 方法是 Shepard（1962）和 Kruskal（1964）两种方法。下面仅介绍 Shepard 方法，Shepard 方法也称为连续性分析（continuity analysis）（Shepard，1962；Shepard and Carroll，1966），意思是说要使排序的连续性最大，即排序后样方的空间差异性与原距离矩阵差异最小。连续性大小用连续性指标 S 来表示，排序要使得 S 最小化。下面是该方法的基本步骤。

（1）计算样方间的距离系数，构成 $N×N$ 维距离平方矩阵，可使用多种相异系数公式计算。

$$\boldsymbol{\delta} = \left\{ \delta_{jk}^2 \right\} \qquad (j = k = 1, 2, 3, 4, \cdots, N)$$

（2）给出初始排序坐标值 Y：

$$Y = \left\{ y_{ij} \right\} \quad (i = 1, 2, 3, \cdots, m;\ j = 1, 2, 3, \cdots, N)$$

式中，m 为事先确定的排序维数。

（3）根据 m 维排序坐标计算样方间欧氏距离矩阵，并构成距离平方矩阵：

$$\boldsymbol{D} = \left\{ d_{jk}^2 \right\} \qquad (j = k = 1, 2, 3, 4, \cdots, N)$$

$$d_{jk}^2 = \sum_{i=1}^{m} (y_{ij} - y_{ik})^2$$

式中，y_{ij} 和 y_{ik} 分别是样方 j 和 k 在第 i 个排序轴上的坐标初始值。

（4）计算连续性指标 S。

$$S(\delta, Y) = \frac{\sum_{j=1}^{N-1} \sum_{k=j+1}^{N} \delta_{jk}^2 \Big/ d_{jk}^4}{\left[\sum_{j=1}^{N-1} \sum_{k=j+1}^{N} 1 \Big/ d_{jk} \right]^2}$$

（5）调整坐标值，继续迭代过程。对于初始的排序坐标 Y 进行调整，这里的调整是根据经验进行，没有客观的标准。然后回到步骤（3），重复迭代，直到连续性指标 S 基本稳定。

基于 Bray-Curtis（1957）距离系数构成了天井山垂直带植被 $N \times N$ 维距离平方矩阵（表 4.4）。

表 4.4　基于 Bray-Curtis（1957）距离系数构成的天井山垂直带植被 $N \times N$ 维距离平方矩阵

	6	7	8	9	10	11	12	13	14	15	16	17	20
6	0.00	0.36	0.54	0.65	0.97	0.62	0.75	0.98	0.98	0.34	0.98	0.98	0.69
7	0.36	0.00	0.67	0.88	0.91	0.73	0.76	1.00	0.95	0.54	0.91	1.00	0.83
8	0.54	0.67	0.00	0.64	0.97	0.53	0.67	0.98	0.94	0.75	0.83	0.81	0.71
9	0.65	0.88	0.64	0.00	1.00	0.89	0.80	1.00	1.00	0.89	0.94	0.94	0.81
10	0.97	0.91	0.97	1.00	0.00	1.00	0.96	1.00	1.00	1.00	0.71	1.00	0.89
11	0.62	0.73	0.53	0.89	1.00	0.00	0.60	1.00	1.00	0.51	0.92	0.88	0.50
12	0.75	0.76	0.67	0.80	0.96	0.60	0.00	1.00	1.00	0.59	0.92	1.00	0.75
13	0.98	1.00	0.98	1.00	1.00	1.00	1.00	0.00	0.38	1.00	1.00	1.00	0.89
14	0.98	0.95	0.94	1.00	1.00	1.00	1.00	0.38	0.00	0.97	1.00	1.00	1.00
15	0.34	0.54	0.75	0.89	1.00	0.51	0.59	1.00	0.97	0.00	1.00	0.96	0.49
16	0.98	0.91	0.83	0.94	0.71	0.92	0.92	1.00	1.00	1.00	0.00	0.94	0.94
17	0.98	1.00	0.81	0.94	1.00	0.88	1.00	1.00	1.00	0.96	0.94	0.00	0.42
20	0.69	0.83	0.71	0.81	0.89	0.50	0.75	0.89	1.00	0.49	0.94	0.42	0.00

基于步骤（3）和步骤（4）的多次迭代计算得出的垂直带样方在排序轴（$m = 2$）上的值绘制 NMDS 排序图，如图 4.18 所示。

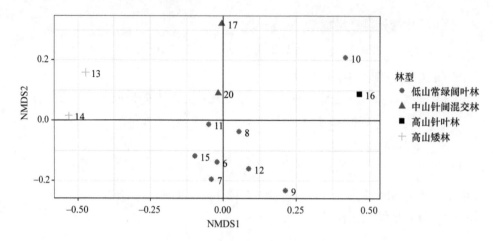

图 4.18　天井山垂直带植被的 NMDS 分析

　　从图 4.18 中可以看出，13 个垂直带群丛定位于平面上，反映了群丛之间的相互关系：根据图中的关系，我们将 13 个垂直带群丛大致划分为 4 个类群。

　　低山常绿阔叶林：群丛 6、7、8、9、10、11、12、15 为一个类群，其中群丛 10（樟+八角枫+马尾松群丛）中樟的重要值较高，故其在图中的位置与其他几个群丛较分离。

　　中山针阔混交林：群丛 17（杉木+臭椿群丛）和群丛 20（杉木+红锥群丛）为一个类群。

　　高山针叶林：群丛 16（柳杉+马尾松群丛）为一独立类群，有一定的独特性。

　　高山矮林：群丛 13（假地枫皮+云锦杜鹃+美丽新木姜子群丛）和群丛 14（假地枫皮+硬壳柯群丛）的优势种为假地枫皮，为一个类群。

　　基于 Bray-Curtis（1957）距离系数构成了天井山水平带植被 $N×N$ 维距离平方矩阵（表 4.5）。

表 4.5　基于 Bray-Curtis（1957）距离系数构成的天井山水平带植被 $N×N$ 维距离平方矩阵

	1	2	3	4	5	6	7	8	9	10	11	12	18	19	21
1	0.00	0.79	0.76	1.00	1.00	0.97	0.97	0.94	0.95	0.79	0.97	0.97	0.79	0.79	0.74
2	0.79	0.00	0.22	1.00	1.00	1.00	1.00	0.98	0.97	1.00	1.00	1.00	0.25	0.22	1.00
3	0.76	0.22	0.00	1.00	1.00	0.95	0.97	0.92	0.95	1.00	0.97	0.94	0.25	0.22	0.97
4	1.00	1.00	1.00	0.00	1.00	1.00	1.00	1.00	1.00	1.00	1.00	1.00	1.00	1.00	1.00
5	1.00	1.00	1.00	1.00	0.00	0.96	0.98	0.99	1.00	0.95	0.98	0.96	1.00	1.00	0.96
6	0.97	1.00	0.95	1.00	0.96	0.00	0.60	0.73	0.81	0.99	0.79	0.87	1.00	1.00	0.83
7	0.97	1.00	0.97	1.00	0.98	0.60	0.00	0.82	0.94	0.95	0.84	0.87	1.00	1.00	0.81
8	0.94	0.98	0.92	1.00	0.99	0.73	0.82	0.00	0.80	0.98	0.73	0.82	0.98	0.97	0.99
9	0.95	0.97	0.95	1.00	1.00	0.81	0.94	0.80	0.00	1.00	0.94	0.90	0.97	0.97	1.00
10	0.79	1.00	1.00	1.00	0.95	0.99	0.95	0.98	1.00	0.00	1.00	0.98	1.00	1.00	0.79

续表

	1	2	3	4	5	6	7	8	9	10	11	12	18	19	21
11	0.97	1.00	0.97	1.00	0.98	0.79	0.84	0.73	0.94	1.00	0.00	0.77	1.00	1.00	0.96
12	0.97	1.00	0.94	1.00	0.96	0.87	0.87	0.82	0.90	0.98	0.77	0.00	1.00	1.00	0.71
18	0.79	0.25	0.25	1.00	1.00	1.00	1.00	0.98	0.97	1.00	1.00	1.00	0.00	0.21	1.00
19	0.79	0.22	0.22	1.00	1.00	1.00	0.97	0.97	1.00	1.00	1.00	1.00	0.21	0.00	1.00
21	0.74	1.00	0.97	1.00	0.96	0.83	0.81	0.99	1.00	0.79	0.96	0.71	1.00	1.00	0.00

基于步骤（3）和步骤（4）的多次迭代计算得出的水平带样方在排序轴（$m=2$）上的值绘制 NMDS 排序图，如图 4.19 所示。

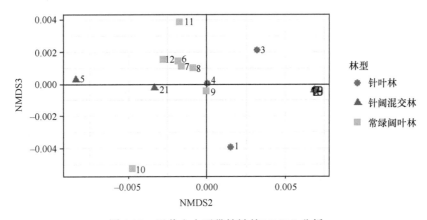

图 4.19　天井山水平带植被的 NMDS 分析

从图 4.19 中可以看出，15 个水平带群丛定位于平面上，反映了群落之间的相互关系；根据图中的关系，我们将 15 个水平带群丛大致划分为 3 个类群。

针叶林：群丛 1（马尾松+杉木群丛）、群丛 2（杉木幼林群丛）、群丛 3（杉木成熟林群丛）、群丛 4（福建柏群丛）为一个类群。

针阔混交林：群丛 5（柳杉+枫香树+乐昌含笑群丛）、群丛 18（杉木+峨眉含笑群丛）、群丛 19（杉木+深山含笑群丛）、群丛 21（马尾松+木荷+华润楠群丛）为一个类群。

常绿阔叶林：群丛 6、7、8、9、10、11、12 为一个类群。

第三节　天井山陆生植被的动态

一、植被演替的基本理论

植物群落的动态是植物群落学领域研究的热点和重点，目前已基本形成了群落动态学的学科体系（Mcintosh，1981；Miles，1979；克纳普，1986）。植物群落动态的一个最重要的特征就是演替，即一个植物群落被另一个植物群落取代的过程。演替是植物群落动态学中的重要内容之一，也是恢复生态学的重要理论基础。

植物群落与其生活的环境，包括土壤、动物、微生物、群落内微气候环境等组成的生态系统的各个组分总在相互影响与相互作用中协同发展，当生境条件不断地向一个方向改变时，植物种类的组合也会发生变化，有些种消失而有些种从外部入侵，直到最后形成一个新的植物群落，这个过程被称为群落演替或生态演替。植物群落的这种变化是一种动态的有序过程，具有一定的方向和规律，且随时间变化而变化，因此往往是能预见的或可测定的（彭少麟，1996）。

演替最终的成熟群落被称为演替顶极（climax）或顶极群落（climax community），组成顶级群落的种类为顶极种（climax species）。演替顶级概念的中心点是群落的相对稳定性，演替顶级意味着一个自然群落中的一种稳定情况（王伯荪，1997）。在演替的过程中，其中任何一个在植物种类上和结构上具有特色的片段（segment），称为一个阶段（stage）。通常将陆生植物群落演替划为以下几个阶段，分别为地衣群落阶段、苔藓群落阶段、草本群落阶段及木本群落阶段。

目前关于演替的理论学说具有较大影响的主要有以下几个。

单元顶级学说（monoclimax theory）：由 Cowles 和 Clements（1916）提出，该假说认为一个地区的全部演替都将会聚为一个单一、稳定、成熟、和当地气候条件保持协调与平衡的群落，称之为顶极群落，该顶极群落的特征只取决于气候，即给予充分时间，演替过程和群落造成环境的改变将克服地形位置和母质差异的影响，在一个气候区域内的所有生境中，最后都将是同一的顶极群落。

多元顶级群落理论（polyclimax theory）：Tansley（1920，1935，1939）认为群系是一个围绕成熟群落的一组与其生境有关的演替群落，成熟的或顶极群落可被气候以外的其他因素所决定；演替并不导致单一的顶极群落，而是导致一个顶极群落的镶嵌体，它是由相应的生境镶嵌决定的。

顶级配置假说（climax pattern hypothesis）：顶级假说是美国威斯康星学派的重要理论，该假说认为植物群落主要是相互连续的，景观中的种以各自的方式对环境因素（包括和其他种的相互作用）进行独特的反应，种常常以许多不同的方式结合到一个景观的多数的群落中，并以不同的方式构成不同的群落；种并不是简单地属于特殊群落相应明显的类群。这样，一个景观的植被所包含的是一些由连续交织的种参与的、彼此相互联系的、复杂而精巧的群落配置（Meusel，1940；Whittaker，1954，1956，1962）。

初始植物区系学说（initial floristic theory）：该学说是由 Egler（1954）提出来的，该学说认为演替通常是由个体较小、生长较快、寿命较短的种发展成为个体较大、生长较慢、寿命较长的种。这种替代是种间的，而不是群落间的，因而演替系列是连续的而不是离散的，且植物种的取代不一定是有序的，每一个种都试图排挤和压制任何新来的定居者，因此，这一学说也被称为抑制作用理论。

忍耐作用学说（tolerance theory）：该学说由 Connell 和 Slatyer（1977）提出来的，该学说认为，早期的演替物种先锋种的存在并不重要，任何种都可以开始演替，植物替代伴随着环境资源的递减，较能忍受有限资源的物种将会取代其他种。演替就是靠这些种的侵入和原来定居物种的逐渐减少而进行的，主要取决于初始条件。

适应对策演替理论（adapting strategy theory）：Grime（1989）通过对植物适应对策的研究，提出了植物的三种基本对策：r 对策种，适应于临时性资源丰富的环境；C 对策种，生存于资源一直处于丰富状态下的生境，竞争力强，称为竞争种；S 对策种，适用于资源贫瘠的生境，忍耐恶劣环境的能力强，称为耐胁迫种（stress tolerant species）。r-C-S 对策模型反映了某一地点某一时刻存在的植被是胁迫强度、干扰和竞争之间平衡的结果。一般情况下，先锋种为 r 对策种，演替中期多为 C 对策种，而顶极群落的植物物种则多为 S 对策种。

资源比率理论（resource ratio hypothesis）：该理论是 Tilman（1985）基于植物资源竞争理论提出来的，该理论认为，一个种在限制性资源比例为某一值时表现为强竞争者，而当限制性资源比例改变时，因为种的竞争能力发生了变化，组成群落的植物物种也随之发生改变。因此，演替是通过资源的变化引起竞争关系的变化而实现的。

等级演替理论（hierarchical succession theory）：Pickett 等（1987）提出关于演替原因和机理的等级概念框架的 3 个基本层次。第一层次是演替的一般性原因，即裸地的可利用性，物种对裸地的利用能力的差异，物种对不同裸地的适应能力；第二层是以上的基本原因分解成不同的生态过程，如裸地的可利用性取决于干扰的频率和程度，物种对裸地的利用能力取决于种繁殖体的生产力等，第三层则是最为详细的机理水平，包括立地–物种的因素和行为及其相互作用。

生物群落系统处于不断的变化中，群落演替是群落组合重要的动态特征之一。通过对演替进行分析，能够总结出植被发展的客观规律，从而实现对生物群落的控制和管理。因此，演替的研究除了丰富学科理论发展外，对生物群落的管理也是至关重要的（彭少麟，1996）。对天井山植被进行分析，从而了解天井山植被的发展趋势，是保护与管理天井山植被的基础。

二、天井山陆生自然植被演替的基本模式

自然条件下的森林演替是遵循一定客观规律的，由先锋群落发展为中生性顶

极群落,最后向气候顶极和最优化森林生态系统演化。在排除人为干扰的背景下,南亚热带地区森林的演替,一般遵循"南亚热带森林群落演替模式"的 6 个阶段(表 4.6)。

表 4.6 南亚热带森林群落演替模式

林龄/年	第一阶段	第二阶段	第三阶段	第四阶段	第五阶段	第六阶段
	0	<25	25~<50	50~<75	75~<150	150~∞
	针叶林(或其他先锋性群落)	以针叶树种为主的针阔叶混交林	以阳性阔叶树为主的针阔叶混交林	以阳生植物为主的常绿阔叶林	以中生植物为主的常绿阔叶林	中生群落(顶极)

资料来源:彭少麟,1996

在南亚热带森林群落演替的过程中,荒地中的先锋种群马尾松或其他松属先锋种凭借着较高的生产力,快速地形成了森林,而后由于其结构简单、郁闭度小、透光率大等特点,再加上森林中的日夜温差较大,锥栗、木荷等阳生性阔叶树种逐渐侵入先锋林地,随着这些阳生性阔叶树种的生长,林内郁闭度逐渐增大。演替继续进行,先锋种群由于无法自然更新而逐渐消亡,而厚壳桂、黄果厚壳桂等中生性树种则因为有了合适的生境而逐渐发展起来。随着群落多样性越来越高,阳生性树种也逐渐消亡,最终逐渐成为以中生性树种为优势的接近气候顶极的群落(Hou et al.,2011;Peng et al.,2010)。南亚热带演替过程不同树种的成分变化可以通过马尔科夫模型计算得到(表 4.7)。

表 4.7 南亚热带森林群落演替过程林木成分预测

林龄/年	0	25	50	75	100	125	150	175	200	∞
马尾松等先锋树种数	90	24	7	2	0	0	0	0	0	0
锥栗、木荷等阳生性树种数	10	65	53	36	23	15	11	9	8	6
厚壳桂、黄果厚壳桂等树种数	0	11	40	62	77	86	89	91	92	94

资料来源:彭少麟,1996

天井山的植物演化历史与南岭地区植物演化历史基本相同,天井山地区大部分原始森林的砍伐使天井山原生植物区系在组成上比其他临近的南岭地区更简单一些。天井山早期次生林和皆伐迹地中有较多阔叶林树种的幼树和幼苗,目前天井山仍保留着一定面积的原生林和原生性次生林。总体而言,人为干扰是导致天井山森林退化的主要原因。野外调查显示,天井山植被以常绿阔叶林为主。

三、聚类分析反映的天井山陆生自然植被群落动态

聚类分析在一定程度上能够反映一个地区植被群落的演替,按照上述各聚类方法得出的聚类分析结果形成的树状图可以推断出演替的趋势。

从聚类分析反映植被群落动态所揭示的演替规律上看，较后期聚合的类群有可能会逐步演替发展成较早期聚合的类群。例如，群落 7 和 15 为华润楠群系，群落 13 与 14 为假地枫皮群系，都是该地区演替等级较高的常绿阔叶林群系，是比较自然合理的群落。从聚类分析的树状图中可以看出，以上这些类群是最早聚合在一起的。而特异性较强的针叶林群落，如含有群落 2、3、17、18、19 和 20 的杉木群系，以及群落 5 和 16 的柳杉群系，以及单独的群落 4 形成的福建柏群系，它们都是较晚才聚合。这也是因为天井山地区无法形成天然的针叶林，从而这些单一性较强的人工针叶林与自然林有着明显的差异。但是在群落 1 和 21 优势种都为马尾松的马尾松群系，这一类群已经在聚类中较早地和其他阔叶林类群聚合，说明该类群已经逐渐向针阔混交林过渡，这是比较符合一般的生态规律的。

四、排序分析反映的天井山陆生自然植被群落动态

排序分析也在一定程度上反映了群落演替方向，由上述各方法所得排序结果可以推断出天井山森林演替的趋势。

在自然条件下，天井山植被演替如下：针叶林→针阔叶混交林→常绿阔叶林。而群丛 1、群丛 5 和 21、群丛 6 和 7 为上述演替阶段的代表群落。以群丛 1（马尾松+杉木群丛）为代表的针叶林在无干扰的条件下，随着时间推移，林下会逐渐被常绿阔叶树种占据，并逐渐取代原有的优势针叶树种而成为新的优势种，使针叶林群丛 1 向针阔叶混交林群丛 5（柳杉+枫香树+乐昌含笑群丛）和 21（马尾松+木荷+华润楠群丛）发展。向常绿阔叶林演变是混交群落的趋势，常绿阔叶林树种逐渐淘汰原有的优势物种马尾松成为主要优势种，形成针阔叶混交并以常绿阔叶树种为主的混交林，再向着群丛 6（栲+华润楠+红锥群丛）和群丛 7（华润楠+厚叶冬青+岭南槭群丛）等较高级的常绿阔叶林群落演替方向发展。

第五章 天井山植被冰雪灾害后的恢复对策

第一节 天井山植被冰灾受损情况

南岭自然保护区域属于南亚热带和中亚热带过渡带，在阻挡南北气流的运行中做了较大贡献，南岭山地低谷和垭口是北方寒潮南侵的通道，所以冬季仍受寒潮威胁。南岭隔一段时间（约 10 年）会有一次冰雪灾害，2008 年是特别严重的。2008 年 1～2 月拉尼娜现象造成了我国南方大范围长期的雨雪灾害，这场极为罕见的极端天气为 50 年一遇，个别地区甚至百年一遇（Chen and Sun，2010）。此次雨雪冰冻灾害涉及范围广，持续时间长，降温幅度大，降水强度高，灾害损失重，给我国南方交通运输、电力设施、电煤供应、农林业及工业企业造成重大损失，同时对人民生活造成极为严重的影响。据国家民政局统计，此次低温雨雪冰冻灾害共造成直接经济损失 1516.5 亿元（徐雅雯等，2010）。

这一罕见的雨雪冰冻天气对我国林业造成了严重危害，使我国南方主要森林树种遭受了始料未及的冻害，给林业生产带来了巨大的资源和经济损失（图 5.1，图 5.2）。据相关部门评估，我国森林总受灾面积 3.4 亿亩。天井山林木也深受冰雪灾害。朱丽蓉等（2014）通过对灾后天井山针叶林、针阔混交林和阔叶林 3 种林型进行调查发现：在不同的林型中，随着径级增加，大树更容易受损，针叶林中的小苗较阔叶林中的小苗更易受损。植被的受损与恢复都反映出不同程度的树龄依赖性。3 种林型中植被受损的比例随着树龄的增大而增加，在达到一定的径级后开始变得平稳。李博文等（2012）对天井山受灾点和未受灾点的樟树、木荷和罗浮锥进行对比研究发现：这 3 种植物的光系统 II 最大光化学量子效率没有变化，受灾罗浮锥、木荷的其他生理指标在 300 天后恢复到正常水平，而受灾樟树的其他生理指标在 300 天后仍显著低于正常（$P<0.1$）；受灾樟树的生长模式由快速生长型改变为积累营养型。王旭（2012）对南岭灾后常绿阔叶林结构的变化进行研究，得出灾害造成常绿阔叶次生林和老龄林分别为 84.24%和 40.91%以上的机械损伤，灾害对形成的林隙中常绿阔叶次生林以小林隙为主，老龄林以大林隙为主。常绿阔叶林树木死亡比率较低，且以受机械损伤的小径级树木为主。常绿阔叶林的萌条率大于 73.00%，老龄林高于次生林。徐雅雯等（2010）对粤北森林各林型受灾后灾害抵抗力及灾后凋落物动态做了研究，发现雨雪灾害造成的非正常凋落量针叶林比阔叶林多，可见阔叶林对冰雪灾害抵抗力更强。与未受灾的林型凋落量相比，森林类型产量减少程度由高至低依次为针叶林、混交林、阔叶林，可见阔叶

林灾后恢复力也较强。

图 5.1　冰灾造成的破坏

图 5.2　灾后"牙签"林

第二节　冰灾受损群落的一般恢复对策

雨雪冰冻灾害发生后，施肥和林下植被控制是促进受损森林恢复产力、挽救灾害中受到损伤的植物的常用途径。2008 年雨雪冰冻灾害发生后，我国有学者探讨雨雪冰冻灾害后森林生态修复的技术及恢复重建对策。并提出改造、补种清理和修复等方法，改善土壤环境，增进植被生产力。灾后的森林植被恢复的首要步骤就是对受灾林地产生的受损木进行及时清理，尽量减小生态和经济损失，避免发生次生灾害（郭颖和孙吉慧，2008；聂朝俊，2008；张绍辉等，2009）。对于灾后的恢复和重建，需要从植被资源、生境的恢复，灾后病虫害的防治及森林火灾的预防、灾害科学研究的加强及监测预警水平的提高等方面入手（徐雅雯等，2010）。

一、植被资源恢复对策

（1）提高多样性。由于植物多样性的增加能提高生态系统的自我恢复能力，进而增强森林抗灾能力（王震洪，2007），因此，在造林时需要考虑增加树种多样性来提高森林的稳定性（薛建辉和胡海波，2008）。例如，混交林对于冰雪灾害的抵抗强于纯林，故可以考虑在灾后植被重建时多构建混交林来提高森林的抵抗力（王琴芳，2008；吴昌军等，2008；张俊生和刘江林，2008）。

（2）种植乡土种。乡土种具有更强适应力，在造林时要遵循适地适树的原则，多选择抗冰雪灾害强的乡土树种造林（廖德志等，2008；徐冬梅和韩敏，2010）。

（3）适宜密度。种植密度的增加会加大受灾的风险，因此在恢复重建时，要根据当地的实际情况，由受灾程度最小的立木密度来决定最佳的造林密度，以增强其抗灾能力（廖德志等，2008；徐冬梅和韩敏，2010）。

（4）增加演替后期阶段物种。一般来说，森林顶极群落具有最强的稳定性和抵抗力，因此在造林时可以增加演替阶段高的树种（张俊生和刘江林，2008）。

（5）遵循各林型的特征。不同林型在冰雪灾害中具有不同的受灾特点。恢复应该因地制宜，遵循各林型自身的特征与规律，采用恰当的恢复技术（郭颖和孙吉慧，2008；田华等，2009）。

（6）改善经营管理方式。规范的森林管理与防护措施能够行之有效地降低森林的受损程度。因此有必要改善经营管理方式，加大防护力度，充分做好防灾的准备（陈芳平和周修权，2009；程鹏和张金池，2008；田华等，2009）。

（7）植被的受损与恢复都反映出不同程度的树龄依赖性。针叶林、针阔混交林和阔叶林中植被受损的比例随着树龄的增大而增加，在大于一定的径级后达到平稳。认识这种依赖性是有效应对灾害和开展灾后恢复重建的重要基础（朱丽蓉等，2014）。

二、土壤环境的恢复对策

冰冻灾害给土壤也造成了严重影响，土壤的理化性质和生物性质皆发生了很大的变化（田大伦等，2008），这个改变不利于植被的生长。恢复土壤的肥力有利于提高植被的恢复速度。所以有必要针对土壤生态系统制订恢复措施，加速恢复受损土壤生态系统（曹昀等，2008）。但目前的研究焦点主要放在森林恢复重建的造林上，忽略了提供植被营养的土壤的恢复。

应该首先从改善土壤环境入手，如调节酸化土壤的 pH、施加磷肥等。另外，雨雪冰冻灾害产生大量的断干、残枝和落叶等植物残体存留在林地，是次生灾害隐患。较大的残体会影响新生植物的生长。解决措施是加速异常植物残体分解，就能加快林地的灾后恢复与重建。凋落物分解是森林生态系统中一个至关重要的生态学过程。但目前还暂无针对雨雪冰冻灾后林地产生的植物残体生物分解过程的研究。我们关注到森林凋落物的分解过程中土壤微生物起着极其重要的作用。因而可利用土壤微生来加快受灾植物残体分解，进而促进森林恢复重建。

三、灾后病虫害的防治

森林次生灾害是原发性灾害（如雨雪冰冻灾害、森林火灾或原发性生物灾害等）造成生态系统结构与功能剧烈变化后伴生的灾害。因各种原因导致林木生长势的极度下降，造成各种弱寄生病菌和钻蛀性害虫入侵和暴发是典型的森林次生灾害之一。灾后产生的大量倒木、断木和残枝落叶等为害虫提供了生存环境。受灾树木长势变慢，伤口增多提高了感染的可能性，森林病害发生概率大大提高。因此需要采取措施来预防森林病虫害大面积暴发情况的发生。

对于灾后森林恢复过程中的病虫害防治，仍然坚持"预防为主，科学防控，依法治理，促进健康"的原则，对次生性病虫害应以监测为主，并及时制订控制预案（骆有庆，2008）。

四、灾害科学研究的加强及监测预警水平的提高

科技手段与研究的发展是预防灾害发生、减少灾害损失的有力保证。这需要提高对灾害研究的科技含量，从而提高灾害的防治水平。自然灾害监测预警的水平对于防灾、救灾、减灾非常重要。目前进行的森林生态系统资源调查一般使用

传统的调查方式，如小班调查、抽样调查等。调查得到的结果虽然可靠真实，但需要消耗大量的人力和时间。"3S"技术的出现将森林资源调查带入了崭新的时代。"3S"技术是指包括遥感技术（remote sensing，RS）、地理信息系统（geography information systems，GIS）和全球定位系统（global positioning systems，GPS）三项技术的统称。它能用于监测和评估受灾前后森林生物量、生产力、蓄积量等指标的动态变化，为测量森林资源现状及监测动态系统变化等提供了更为便捷有效的手段。例如，Huang 等（2009）使用遥感方法对火灾后美国黄石国家公园的森林生态系统产生的倒木进行了定性和定量的评估。

第三节　天井山自然植被冰灾受损后的恢复研究

2008 年以后，雨雪冰冻灾害对森林的影响等问题虽然得到广泛关注，面对这种冰灾，主要以自然恢复为主（图 5.4，图 5.5），缺乏对主动恢复方面的研究。有关灾后常见的重建、补种和自然恢复等干预式自然恢复方法，哪种更为有效有待证明；有关调节土壤酸碱度、调节土壤营养元素含量、调节土壤微生物等恢复受损森林的方法研究极少，且哪种方法最为有效还未见报道。雨雪冰冻灾害发生后，我们根据研究区域森林分布图、地形图和植被分布图，并结合踏查资料，在天井山雨雪冰冻灾害中受损典型区域新桥与场部进行实验样地布置（图 5.3）。根据不同林型（针叶林、针阔混交林、阔叶林）及林地状况与研究需要，每种样地内设置了 12 个 10m×10m 的样方。并在每种样地分别进行土壤 pH 调节、土壤磷调节、土壤微生物调节 3 种恢复模式处理，每种处理 3 个重复，以未处理的样地为对照。每种处理间交错布置。不同调节恢复方法如下所述。

（1）pH 调节恢复法。

于 2009 年、2010 年植物生长季，分别在规划的制订样方内施撒石灰，每次分别施用石灰量为 $6t/hm^2$。

（2）土壤磷调节。

与土壤酸度调节同期，于 2009 年、2010 年植物生长季，分别在规划的样方内施用磷肥 $150t/hm^2$。

（3）土壤微生物调节。

2009 年、2010 年植物生长季，在规划的样方穴埋鸡粪 $10t/hm^2$。所用鸡粪 pH 约为 7.5，有机质约 30%，氮含量约 2%，磷含量约为 0.1‰。

三种快速恢复方法的结果如下所述。

pH 调节恢复法：雨雪冰冻灾害后由于大量降水和异常凋落物分解导致土壤 pH 下降，利用石灰调节土壤酸碱度有助于快速恢复。本研究表明，施撒石灰可使土壤 pH 达到 5～5.5，改善土壤环境，降低土壤酸性磷酸酶活性，提高脲酶活性，改善土壤影响循环，有效促进受损森林恢复，早期生物量增加。但是石灰调节存在作用时间短的问题。施撒石灰一年后土壤 pH 回落到自然恢复的水平。

磷调节恢复法：由于磷是该区域限制性因子，考虑在土壤中施加磷肥有助于快速恢复。结果表明磷肥调节在恢复早期促进植物生物量增长不明显，磷肥单独施加，对土壤整体环境的改善不明显。磷肥调节 1.5 年之后，促进植被生物量增长作用显著。其机理是受灾初期，森林由于过量的凋落物而使土壤有较高的酸性，影响了磷的活性，经过一段时间自然恢复，土壤 pH 升高，磷肥作用逐渐显现。

微生物调节恢复法：由于雨雪冰冻灾害低温会降低微生物数量，本研究通过人工添加鸡粪改善土壤微生物活性。研究表明，通过微生物调节恢复早期，植物生长得到一定促进，但不显著；两年之后，促进作用明显，特别是在针叶林内，其促进生物量增长作用超过调节土壤 pH 组。调节土壤微生物有利于受灾林地土壤中各个元素的保持，同时可以显著提高土壤脲酶和磷酸酶的活性。综合来看，微生物作用显现较慢，但后期作用明显。

图 5.3　天井山森林公园冰灾受损后的恢复研究（摄于 2009 年）

图 5.4　杜鹃苗圃前小池塘冰灾状况（摄于 2008 年）

图 5.5　杜鹃苗圃前小池塘冰灾后恢复状况

第六章 天井山植被的空间定位

　　了解天井山植被的空间分布对于如何管理林区植被至关重要，因而我们在此章节对植被进行空间定位。山地具有三维结构，生境类型较平地多样化而具有更高的生物多样性，可以通过林区三维植被图掌握植被的整体分布情况。植物的地带性分布包括垂直地带性分布和水平地带性分布。垂直地带分布是植被在不同海拔山地上的自然分布，主要受到海拔变化导致生境差异的影响；水平地带分布是维度地带性与经度地带性的共同作用影响了植被的分布。通过垂直带植被分布图、水平带植被分布图可以更为直观地了解天井山的群系和群丛分布格局。

第一节 天井山植被空间分布

　　基于全面调查，天井山植被共计有 17 个群系 23 个群丛，大部分群系或群丛属于常绿阔叶林，其中红锥群系和华润楠群系的分布最广，分别达到 90.58km^2 和 47.77km^2，柳杉群系分布最少，面积仅为 0.08km^2。海拔最高的是假地枫皮群系，分布在海拔 1500m 以上的差转台地区，属山地常绿阔叶矮林（图 6.1～图 6.3，表 6.1）。

正视图

侧视图

俯视图

群丛名称
- 假地枫皮+云锦杜鹃+美丽新木姜子群丛
- 假地枫皮+破壳柯群丛
- 华润楠+厚叶冬青+岭南槭群丛
- 华润楠+红锥群丛
- 木荷+厚壳桂群丛
- 杉木+峨眉含笑群丛
- 杉木+深山含笑群丛
- 杉木+红锥群丛
- 杉木+臭椿群丛
- 杉木幼林群丛
- 杉木成熟林群丛

- 柳杉+枫香+乐昌含笑群丛
- 柳杉+马尾松群丛
- 栲+华润楠+红锥群丛
- 樟+八角枫+马尾松群丛
- 灌丛群丛
- 福建柏群丛
- 秀丽锥+鹦蓊锥+毛桃木莲群丛
- 红锥+柳叶闽粤石楠+杜英群丛
- 苦竹群丛
- 马尾松+木荷+华润楠群丛
- 马尾松+杉木群丛
- 黄果厚壳桂+栲群丛

图 6.1   天井山植被分布三维图

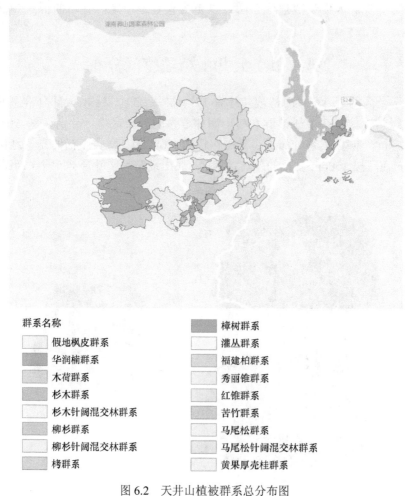

群系名称
- 假地枫皮群系
- 华润楠群系
- 木荷群系
- 杉木群系
- 杉木针阔混交林群系
- 柳杉群系
- 柳杉针阔混交林群系
- 栲群系

- 樟树群系
- 灌丛群系
- 福建柏群系
- 秀丽锥群系
- 红锥群系
- 苦竹群系
- 马尾松群系
- 马尾松针阔混交林群系
- 黄果厚壳桂群系

图 6.2   天井山植被群系总分布图

群丛名称

▢ 假地枫皮+云锦杜鹃+美丽新木姜子群丛		▢ 柳杉+马尾松群丛
▢ 假地枫皮+硬壳柯群丛		▢ 栲+华润楠+红锥群丛
▢ 华润楠+厚叶冬青+岭南槭群丛		▢ 樟+八角枫+马尾松群丛
▢ 华润楠+红锥群丛		▢ 灌丛群丛
▢ 木荷+厚壳桂群丛		▢ 福建柏群丛
▢ 杉木+峨眉含笑群丛		▢ 秀丽锥+鳖蕨锥+毛桃木莲群丛
▢ 杉木+深山含笑群丛		▢ 红锥+柳叶闽粤石楠+杜英群丛
▢ 杉木+红锥群丛		▢ 苦竹群丛
▢ 杉木+臭椿群丛		▢ 马尾松+木荷+华润楠群丛
▢ 杉木幼林群丛		▢ 马尾松+杉木群丛
▢ 杉木成熟林群丛		▢ 黄果厚壳桂+栲群丛
▢ 柳杉+枫香树+乐昌含笑群丛		

图 6.3 天井山植被群丛总分布图

表 6.1 天井山植被分布一览表

植被亚型	群系名称	群丛名称	海拔/m	面积/km²	分布地点
暖性常绿针叶林	马尾松群系	马尾松+杉木群丛	485	2.24	大坪西京古道
暖性常绿针叶林	杉木群系	杉木幼林群丛	690	6.62	六马岭地区
暖性常绿针叶林	杉木群系	杉木成熟林群丛	450	2.49	合江口地区
暖性常绿针叶林	福建柏群系	福建柏群丛	700	0.16	三角架地区
山地针阔混交林	柳杉针阔混交林群系	柳杉+枫香树+乐昌含笑群丛	685	0.92	吊鱼坳地区

续表

植被亚型	群系名称	群丛名称	海拔/m	面积/km²	分布地点
典型常绿阔叶林	栲群系	栲+华润楠+红锥群丛	739	11.45	元洞地区上坡位
典型常绿阔叶林	华润楠群系	华润楠+厚叶冬青+岭南槭群丛	751	2.29	元洞地区
典型常绿阔叶林	秀丽锥群系	秀丽锥+鼹蒴锥+毛桃木莲群丛	990	0.82	超发电站后山地区
典型常绿阔叶林	黄果厚壳桂群系	黄果厚壳桂+栲群丛	522	14.25	铜桥电站
典型常绿阔叶林	樟树群系	樟+八角枫+马尾松群丛	450	6.32	大坪中坡
典型常绿阔叶林	红锥群系	红锥+柳叶闽粤石楠+杜英群丛	695	90.58	仙洞地区
典型常绿阔叶林	木荷群系	木荷+厚壳桂群丛	542	12.77	天群地区的山坡上
典型常绿阔叶林	苦竹群系	苦竹群系	695	1.57	仙洞与元洞地区
山顶常绿阔叶矮林	假地枫皮群系	假地枫皮+云锦杜鹃+美丽新木姜子群丛	1648	0.92	差转台地区
山顶常绿阔叶矮林	假地枫皮群系	假地枫皮+硬壳柯群丛	1513	9.55	差转台地区
典型常绿阔叶林	华润楠群系	华润楠+红锥群丛	631	47.77	阿婆庙地区
温性常绿针叶林	柳杉群系	柳杉+马尾松群丛	1130	0.08	二弯
山地针阔混交林	杉木针阔混交林群系	杉木+臭椿群丛	900	4.49	二十六林班
山地针阔混交林	杉木针阔混交林群系	杉木+峨眉含笑群丛	653	0.27	三角架地区
山地针阔混交林	杉木针阔混交林群系	杉木+深山含笑群丛	701	2.29	学校背地区
山地针阔混交林	杉木针阔混交林群系	杉木+红锥群丛	1260	3.26	差转台脚
山地针阔混交林	马尾松针阔混交林群系	马尾松+木荷+华润楠群丛	456	1.13	天三水电站前池

第二节 天井山植被垂直分布格局

植被垂直地带性分布是指山地植被受海拔主导因素调控形成的分布格局。随着海拔的上升气温逐渐下降，降水、空气湿度、辐射与土壤条件等也发生相应的变化。在以上因素的综合作用下，植被在不同海拔的地带性分布情况，称为植被的垂直地带性。中国植被垂直带格局的研究由来已久。侯学煜早在 1963 年就比较全面地勾画出中国山地植被的分布格局及生态法则，还强调了植被三维地带的相对性。张新时将中国山地植被垂直带概括为 7 个基本生态地理类型（张新时，1994）。方精云等对多地区的植被类型及生物多样性的调查，揭示了我国亚热带地区许多山脉植物群落的组成结构和物种多样性的垂直分布格局。植被垂直分布的基带为当地典型的植被带，即在各森林地带内，随着海拔的升高与纬度的增加，植被类型的变化大体一致，垂直带可以看作水平带的缩影。每一个山地或高原的植被垂直分布系列（植被垂直带谱）都必然带有地理位置的水平地带痕迹。

垂直地带性植被在地理分布上呈现以下空间规律。从山麓到山顶,由于海拔的升高,出现大致与等高线平行并具有一定垂直幅度的植被带。垂直地带性分异这一表现使得山地在小尺度内呈现出丰富的景观,因此,山地垂直带谱的相关研究给人们在对复杂山地环境的认识及进行各项相关研究上提供了极大便利。目前,有关垂直带的研究主要集中在垂直带谱的定性研究及地带性规律的相关研究上。任何植被垂直带谱都带有地理位置的水平地带的痕迹,因此垂直带可以看作水平带的缩影(刘华训,1981)。同时,不同水平地带中的山地物种多样性随海拔升高的变化也有所不同。其中,热带山地的变化比温带山地的变化更剧烈,规律性也更强(Ohsawa,1991,1995)。近期,有研究对植被分布状况在海拔升高等效于纬度的北移这一理论模型进行了量化分析,并对垂直带分布规律与水平带分布规律之间的关联性进行了探究,发现植被分布状况在海拔上的升高并不简单等效于纬度的北移,这可能是由微地形的影响产生的。因此,在采用传统模型进行现实指导分析时,有必要将微地形对植被分布的影响考虑进去(周婉诗等,2020)。

天井山垂直带植被类型随着海拔的上升由典型常绿阔叶林过渡到山地针阔混交林和温性常绿针叶林,最后过渡到山地常绿阔叶矮林。典型常绿阔叶林分布最广,占地 $186.25km^2$;山地针阔混交林占地 $7.75km^2$;温性常绿针叶林分布最少,占地 $0.08km^2$;山地常绿阔叶矮林占地 $10.47km^2$。

天井山垂直带分布着 10 个群系 13 个群丛。栲群系、华润楠群系、秀丽锥群系、黄果厚壳桂群系、樟树群系、红锥群系和木荷群系属于典型常绿阔叶林,主要分布在海拔较低的 500~1000m 地区(图 6.4)。其中,红锥群系的红锥+柳叶闽粤石楠+杜英群丛分布最广,占地 $90.58km^2$。秀丽锥群系的秀丽锥+鹅蕊锥+毛桃木莲群丛分布最少,占地 $0.82km^2$。杉木针阔混交林群系属于山地针阔混交林,海拔 900m 的地区分布着杉木+臭椿群丛,海拔 1200m 的差转台地区分布着杉木+红锥群丛。分布在海拔 1100m 的二弯地区的柳杉群系属于温性常绿针叶林。海拔 1500m 以上分布着主要由假地枫皮群系组成的山地常绿阔叶矮林,有假地枫皮+硬壳柯和假地枫皮+云锦杜鹃+美丽新木姜子两个群丛。植被群系类型数量随着海拔上升也变少。由此可以清楚地看到天井山垂直地带性的分布特征。

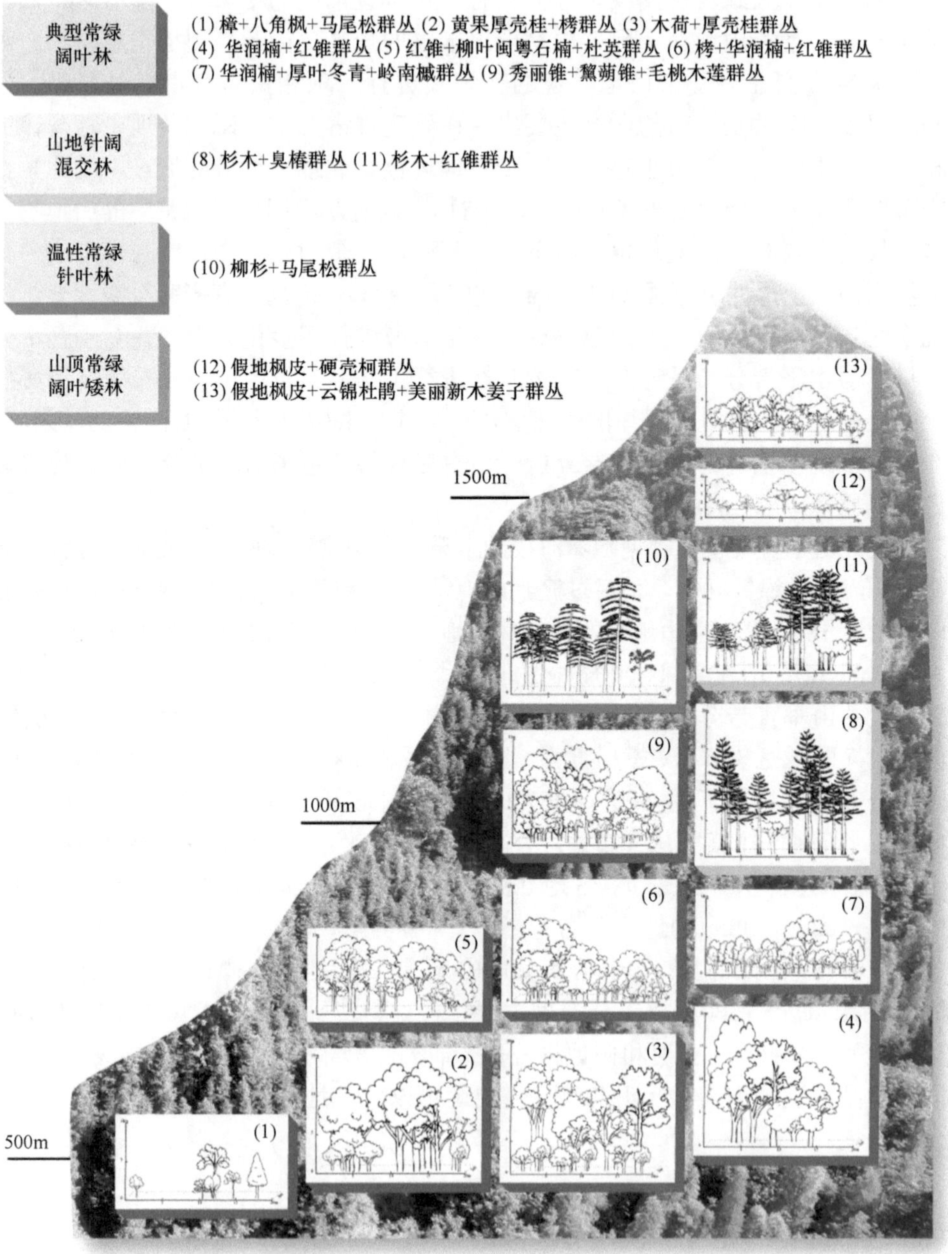
典型常绿阔叶林
(1) 樟+八角枫+马尾松群丛 (2) 黄果厚壳桂+栲群丛 (3) 木荷+厚壳桂群丛
(4) 华润楠+红锥群丛 (5) 红锥+柳叶闽粤石楠+杜英群丛 (6) 栲+华润楠+红锥群丛
(7) 华润楠+厚叶冬青+岭南槭群丛 (9) 秀丽锥+鹿角锥+毛桃木莲群丛
山地针阔混交林
(8) 杉木+臭椿群丛 (11) 杉木+红锥群丛
温性常绿针叶林
(10) 柳杉+马尾松群丛
山顶常绿阔叶矮林
(12) 假地枫皮+硬壳柯群丛
(13) 假地枫皮+云锦杜鹃+美丽新木姜子群丛
1500m
1000m
500m
(1)
(2)
(3)
(4)
(5)
(6)
(7)
(8)
(9)
(10)
(11)
(12)
(13)

图 6.4　天井山垂直带群丛分布格局

第三节　天井山植被水平分布格局

　　水平地带性分布是纬度地带性分布与经度地带性分布的总和。它是相对于垂直地带性而言的一种分布格局。

　　天井山水平植被带主要由海拔 450～800m 的典型常绿阔叶林、针阔混交林及人工种植的针叶林组成。典型常绿阔叶林分布有 185.43km²，是分布范围最广的植被类型，暖性常绿针叶林分布有 11.51km²，山地针阔混交林占地 4.61km²。各植被类型分布图见图 6.5。

植被亚型名称

　　　　典型常绿阔叶林　　　　　暖性常绿阔叶林　　　　　山地针阔混交林

图 6.5　天井山水平带植被亚型分布图

　　在天井山 450～800m 的地区主要分布着典型常绿阔叶林：栲群系、华润楠群系、黄果厚壳桂群系、樟树群系、红锥群系和木荷群系，暖性常绿针叶林：马尾松群系、杉木群系、福建柏群系，山地针阔混交林：杉木针阔混交林群系、马尾松针阔混交林群系、柳杉针阔混交林群系。其中，杉木群系、福建柏群系和柳杉针阔混交林群系为人工种植，其余为天然植被。红锥群系分布最广，有90.58km²，福建柏群系分布最少，0.16km²。各植被群系分布图见图6.6。

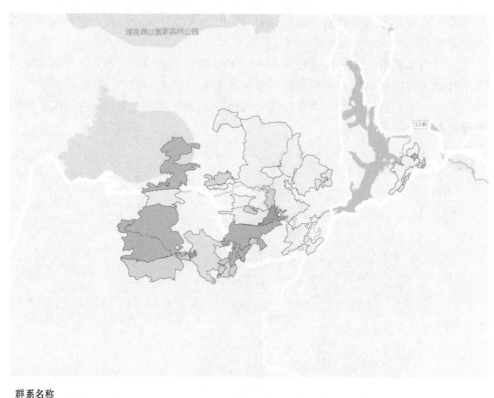

图6.6 天井山水平带植被群系分布图

  天井山水平植被带主要有15个群丛，其中，以典型常绿阔叶林中的红锥+柳叶闽粤石楠+杜英群丛面积最大，以暖性常绿针叶林中的福建柏群丛面积最小。各植被群丛分布图见图6.7。

群丛名称

华润楠+厚叶冬青+岭南械群丛	栲+华润楠+红锥群丛
华润楠+红锥群丛	樟+八角枫+马尾松群丛
木荷+厚壳桂群丛	福建柏群丛
杉木+峨眉含笑群丛	红锥+柳叶闽粤石楠+杜英群丛
杉木+深山含笑群丛	苦竹群丛
杉木幼林群丛	马尾松+木荷+华润楠群丛
杉木成熟林群丛	马尾松+杉木群丛
柳杉+枫香树+乐昌含笑群丛	黄果厚壳桂+栲群丛

图 6.7　天井山水平带植被群丛分布图

参 考 文 献

曹昀, 张聘, 卢永聪. 2008. 南方雨雪冰冻灾后林业生态恢复的措施. 福建林业科技, 35(4): 207-209.

陈北光, 苏志尧. 1997. 广东天井山山地常绿阔叶林的结构特征. 华南农业大学学报, (3): 42-47.

陈芳平, 周修权. 2009. 郴州市冰雪灾害后的林业发展现状与对策. 湖南林业科技, 36(1): 56-58.

陈灵芝. 2014. 中国植物区系与植被地理. 北京: 科学出版社.

陈岭伟, 周润巧. 2000. 天井山林场天然林保护与利用的探讨. 中南林业调查规划: (1): 23-26.

陈涛, 张宏达. 1994. 南岭植物区系地理学研究. I. 植物区系的组成和特点. 热带亚热带植物学报, (1): 10-23.

程鹏, 张金池. 2008. 2008 年重大冰雪灾害对安徽森林的影响与反思. 南京林业大学学报(自然科学版), 32(3): 1-4.

费乐思, 刘惠宁, 吴世捷, 等. 2007. 快速生物多样性评估报告——广东西北部南岭国家自然保护区. 嘉道理农场暨植物园公司.

高华业, 黄春华, 王瑞江. 2012. 广东天井山 4 种珍稀濒危植物的恢复策略研究. 安徽农业科学, 40(24): 12118-12120.

《广东南岭国家级自然保护区生物多样性研究》编辑委员会, 广东省林业局, 华南农业大学, 等. 2003. 广东南岭国家级自然保护区生物多样性研究. 广州: 广东科技出版社.

广东省科学家南岭森林生态考察团. 1993. 广东省南岭森林生态考察报告. 生态科学, (1): 3-8.

广东省植物研究所. 1976. 广东植被. 北京: 科学出版社.

郭颖, 孙吉慧. 2008. 雪凝灾害林木损失评估及恢复重建技术初探. 贵州林业科技, 36(3): 30-34.

何茜, 李吉跃, 陈晓阳, 等. 2010. 2008 年初特大冰雪灾害对粤北地区杉木人工林树木损害的类型及程度. 植物生态学报, 34(2): 195-203.

侯学煜. 1960. 中国的植被. 北京: 人民教育出版社.

华南植物研究所. 2009. 广东南岭国家级自然保护区植物综合调查阶段工作报告. 内部资料.

克纳普(Knapp P). 1986. 植被动态. 宋永昌等译. 北京: 科学出版社.

郎楷永, 萧丽萍. 2002. 国产开唇兰属(兰科)一新种. 植物分类学报, 40(2): 164-166.

黎昌汉, 严岳鸿, 邢福武. 2005. 广东南岭自然保护区堇菜属植物垂直分布格局的研究. 热带亚热带植物学报, 13(2): 139-142.

李博文, 董蕾, 叶万辉, 等. 2012. 粤北天井山国家森林公园三种林木在 2008 年特大冰雪灾害后的恢复. 生态环境学报, 21(6): 1009-1015.

李远学, 李芳华, 曾庆团. 2012. 浅谈广东省天井山林场野生植物资源保护与利用开发. 科技风, (9): 214.

李镇魁. 2002. 广东南岭国家级自然保护区珍稀濒危植物调查. 亚热带植物科学, 30(3): 28-32.

廖德志, 吴际友, 侯伯鑫, 等. 2008. 长沙城市森林树种冰冻灾害的调查与反思. 中国城市林业, (1): 10-13.

刘华训. 1981. 我国山地植被的垂直分布规律. 地理学报, (3): 267-279.

刘小明, 郭英荣, 刘仁林. 2010. 西齐云山自然保护区综合科学考察集. 北京: 中国林业出版社.

罗辅燕. 2005. 小寨子沟自然保护区的植被分类. 内江师范学院学报, 20(4): 72-76.

骆有庆. 2008. 对南方雨雪冰冻灾区次生性林木病虫害防控的几点思考. 林业科学, 44(4): 4-5.

马晓燕, 周伟斌, 刘念. 2009. 广东姜黄属一新变种——南岭莪术. 仲恺农业工程学院学报, 22(3): 15-16.

聂朝俊. 2008. 贵州林业低温雨雪冰冻灾害与防治对策研究. 贵州林业科技, 36(3): 46-50.

庞雄飞. 1993. 南岭山地生物群落简史. 生态科学, (1): 21-33.

彭少麟. 1996. 南亚热带森林群落动态学. 北京: 科学出版社.

彭少麟. 2014. 澳门植被志(第一卷)——陆生自然植被. 澳门特别行政区民政总署园林绿化部.

宋永昌. 2004. 中国常绿阔叶林分类试行方案. 植物生态学报, 28(4): 435-448.

宋永昌. 2011. 对中国植被分类系统的认知和建议. 植物生态学报, 35(8): 882-892.

孙湘君, 何月明. 1980. 江西古新世孢子花粉研究. 北京: 科学出版社.

田大伦, 高述超, 康文星, 等. 2008. 冰冻灾害前后矿区废弃地栾树杜英混交林生态系统养分含量的比较. 林业科学, 44(11): 115-122.

田华, 谈建文, 黄光体. 2009. 湖北省低温雨雪冰冻灾害植被恢复与林业重建的思考. 湖北林业科技, (1): 65-68.

田怀珍, 邢福武. 2008. 南岭国家级自然保护区兰科植物物种多样性的海拔梯度格局. 生物多样性, (1): 75-82.

王伯荪. 1987. 植物群落学. 北京: 高等教育出版社.

王伯荪. 1997. 植被生态学. 北京: 中国环境科学出版社.

王伯荪, 彭少麟. 1985. 鼎湖山森林群落分析. IV. 相似性和聚类分析. 中山大学学报: 自然科学版, (1): 33-40.

王伯荪, 彭少麟. 1997. 植被生态学——群落与生态系统. 北京: 中国环境科学出版社.

王伯荪, 张炜银. 2002. 海南岛热带森林植被的类群及其特征. 广西植物, 22(2): 107-115.

王发国, 董安强. 2013. 南岭国家级自然保护区植物区系与植被. 武汉: 华中科技大学出版社.

王琴芳. 2008. 广西雨雪冰冻灾害对林业的影响及灾后重建对策. 中南林业调查规划, 27(3): 17-20.

王旭. 2012. 冰雪灾害对南岭常绿阔叶林结构的影响研究. 北京: 中国林业科学研究院: 4.

王震洪. 2007. 基于植物多样性的生态系统恢复动力学原理. 应用生态学报, (9): 1965-1971.

吴昌军, 刘晓镜, 严伟宾. 2008. 苏仙岭风景名胜区冰灾受损森林植被恢复策略研究. 现代农业科学, (7): 14-16.

吴征镒. 1979. 论中国植物区系的分区问题. 云南植物研究, 1(1): 1-22.

吴征镒. 1980. 中国植被. 北京: 科学出版社.

吴征镒. 1991. 中国种子植物属的分布区类型. 云南植物研究, (增刊Ⅳ): 1-139.

吴征镒, 周浙昆, 李德铢, 等. 2003. 世界种子植物科的分布区类型系统. 云南植物研究, 25(3): 245-257.

邢福武, 陈红锋, 王发国, 等. 2012. 南岭植物物种多样性编目. 武汉: 华中科技大学出版社.

徐冬梅, 韩敏. 2010. 雨雪冰冻灾害的成因及对策研究. 农家服务, 27(1): 111-113.

徐雅雯, 吴可可, 朱丽蓉, 等. 2010. 中国南方雨雪冰冻灾害受损森林植被研究进展. 生态环境学报, 19(6): 1485-1494.

薛建辉, 胡海波. 2008. 冰雪灾害对森林生态系统的影响与减灾对策. 林业科学, 44(4): 1-2.

阳含熙, 卢泽愚. 1981. 植物生态学的数量分类方法. 北京: 科学出版社.

杨允菲, 祝延成. 2011. 植物生态学. 第2版. 北京: 高等教育出版社: 116

张宏达. 1980. 植物区系学. 广州: 中山大学出版社.

张金泉. 1993. 广东乳阳八宝山自然保护区的植被特点. 生态科学, (1): 39-50.

张金屯. 1995. 植被数量生态学方法. 北京: 中国科学技术出版社.

张金屯. 2011. 数量生态学. 第2版. 北京: 科学出版社.

张俊生, 刘江林. 2008. 迭部林区冰雪灾害受损森林生态系统恢复技术. 甘肃林业科技, 33(4): 67-70.

张绍辉, 李靖, 马长乐, 等. 2009. 冰雪灾害后林业可持续发展问题探讨——以云南省盐津县为例. 安徽农业科学, 37(17): 8020-8021, 8026.

张新时. 1994. 中国山地植被垂直带的基本生态地理类型. 植被生态学研究编辑委员会: 植被生态学研究——纪念著名生态学家候学煜教授. 北京: 科学出版社: 77-92.

中国科学院中国植物志编辑委员会. 1974. 中国植物志, 第三十六卷. 北京: 科学出版社.

中国科学院中国植物志编辑委员会. 1978. 中国植物志, 第七卷. 北京: 科学出版社.

中国科学院中国植物志编辑委员会. 1981. 中国植物志, 第四十六卷. 北京: 科学出版社.

中国科学院中国植物志编辑委员会. 1982. 中国植物志, 第三十一卷. 北京: 科学出版社.

中国科学院中国植物志编辑委员会. 1983. 中国植物志, 第五十二卷, 第二分册. 北京: 科学出版社.

中国科学院中国植物志编辑委员会. 1989. 中国植物志, 第四十九卷, 第一分册. 北京: 科学出版社.

中国科学院中国植物志编辑委员会. 1996. 中国植物志, 第三十卷, 第一分册. 北京: 科学出版社.

中国科学院中国植物志编辑委员会. 1998. 中国植物志, 第二十二卷. 北京: 科学出版社.

中国科学院中国植物志编辑委员会. 1999. 中国植物志, 第四十五卷, 第二分册. 北京: 科学出版社.

周婉诗, 张楚婷, 周志平, 等. 2020. 植被分布的海拔与纬度相互关系模式的校正. 中国科学: 生命科学, https://doi.org/10.1360/SSV-2019-0266.

朱华. 2007. 论滇南西双版纳的森林植被分类. 云南植物研究, (4): 377-387.

朱丽蓉. 2014. 南岭森林对雨雪冰冻灾害的受损、恢复响应与快速恢复研究. 中山大学博士学位论文.

朱丽蓉, 周婷, 陈宝明, 等. 2014. 南方森林对雨雪冰冻灾害的受损与恢复响应的树龄依赖. 中国科学(生命科学), 44(3): 280-288.

Braak C J F T. 1986. Canonical correspondence analysis: A new eigenvector technique for multivariate direct gradient analysis. Ecology, 67(5): 1167-1179.

Braak C J F T, Gremmen N J M. 1987. Ecological amplitudes of plant species and the internal consistency of ellenberg's indicator values for moisture. Vegetatio, 69(1/3): 79-87.

Braun-Blanquet J. 1928. Pflanzensoziologie. Grundzüge der Vegetationskunde. Biologische Studien-bücher, 7. Berlin.

Bray J R. Curtis J T. 1957. An ordination of upland forest communities of south. Wisconsin Ecological Monographs, 27: 325-349.

Chen J, Sun L. 2010. Using MODISEVI to detect vegetation damage caused by the 2008 iceand snow storms in south China. Journal of Geophysical Research: Biogeosciences, 115(G3).

Clements F E. 1905. Research Methods in Ecology. Lincoln: University Publishing Company.

Clements F E. 1916. Plant Succession: An Analysis of Development of Vegetation. Washington: Carnegie Institution: 512.

Connell J H, Slatyer R O. 1977. Mechanisms of succession in natural communities and the irrole incommunity stability and organization. The American Naturalist, 111(982): 1119-1144.

Dansereau P. 1957. Biogeography: An Ecological Perspective. New York: The Ronald Press: 1-394.

Egler F E. 1954. Vegetation science concepts. I. Initial floristic composition, a factorin old-field vegetation development with 2 figs. Vegetatio, 4(6): 412-417.

Ellenberg H. 1967. Tentative physiognomic-ecological classification of plant formations of the earth. Ber geobo Inst ethStiftg. rubel Zurich, 37: 21-55.

Grime J. 1989. The stress debate: symptom of impending synthesis? Biological Journal of the Linnean Society, 37(1/2): 3-17.

Hill M O. 1979. A fortran program for detrended correspondence analysis and reciprocal averaging. Ecology and systematics, Cornell University.

Hou Y P, Peng S L, Chen B M, et al. 2011. Inhibition of an invasive plant (*Mikania micrantha* H. B. K.) by soils of three different forests in lower subtropical China. Biological Invasions, 13(2): 381-391.

Huang S, Crabtree R L, Potter C, et al. 2009. Estimating the quantity and quality of coarse woody debrisin Yellowstone post-fire forest ecosystem from fusion of SAR and optical data. Remote Sensing of Environment, 113(9): 1926-1938.

Jin W T, Xie G G, Yang C T, et al. 2015. *Platanthera nanlingensis* (Orchidaceae), a new species from Guangdong Province, China. AnnBotFennici, 52: 296-300.

Kruskal J B. 1964. Nonmetric multidimensional scaling: A nu-merical method. Psychometrika, 29(2): 115-129.

Kuchler A W. 1967. Vegetation mapping. New York: Roland Press.

Mcintosh R P. 1981. Succession and Ecological Theory. New York: Springer.

Meusel H. 1940. The grass heaths of central Europe. Attempt at a comparative phytogeographical classification. I. II. Bot Arch, 1: 357-519.

Miles J. 1979. Vegetation Dynamics. Springer Netherlands.

Nykänen M L, Peltola H, Quine C, et al. 1997. Factors affecting snow damage of trees with particular reference to European conditions. 31(2): 193-213.

Ohsawa M. 1991. Structural comparison of tropical montane rain forests along latitudinal and altitu-dinal graients in south and east Asia. Plant Ecology, 97(1): 1-10.

Ohsawa M. 1995. Latitudinal comparison of altitudinal changes in forest structure, leaf-type, and species richness in Humid Monsoon Asia. Plant Ecology, 121(1): 3-10.

Peng S L, Hou Y P, Chen B M. 2010. Establishment of Markov successional model an dits application for forest restoration reference in Southern China. Ecological Modelling, 221(9): 1317-1324.

Pickett S, Collins S. Armesto J. 1987. Models, mechanism sand pathways of succession. The Botanical Review, 53(3): 335-371.

Shepard R N. 1962. The analysis of proximities: Multidimensional scaling with an unknown distance function. II. Psychometrika, 27(3): 219-246.

Shepard R N, Carroll J D. 1966. Parametric representation of nonlinear data structures. Journal of Multivariate Analysis.

Tansley A G. 1920. The classification of vegetation and the concept of development. The Journal of

Ecology, 8(2): 118-149.

Tansley A G. 1935. The use and abuse of vegetational concepts and terms. Ecology, 16(3): 284-307.

Tansley A G. 1939. British ecology during the past quarter-century: the plant community and the ecosystem. Journal of Ecology, 27(2): 513-530.

Tilman D. 1985. The resource-ratio hypothesis of plant succession. The American Naturalist, 125(6): 827-852.

van der Maarel E, Franklin J. 2017. 植被生态学. 第 2 版. 杨明玉, 欧晓昆译. 北京: 科学出版社.

Von Humboldt A, Bonpland A. 1807. Essay on the Geography of Plants. Chicago: University of Chicago Press.

Westhoff V, van der Maarel E. 1978. The Braun-Blanquet. In: Whittaker R H. Classification of Plant Communities. The Hague: Dr. W Junk bv Publishers: 287-399.

Whittaker R. 1954. The ecology of serpentines oils. Ecology, 35(2): 258-288.

Whittaker R H. 1956. Vegetation of the great smoky mountains. Ecological Monographs, 26(1): 1-80.

Whittaker R H. 1962. Classification of natural communities. The Botanical Review, 28(1): 239.

Zhou J S, Xing F W. 2007. *Viola changii* sp. nov. (Violaceae) from Guangdong, southern China. Nordic Journal of Botany, 25: 303-305.